The New Hokkaido Wine
日本ワイン 北海道

Miyuki Katori
鹿取 みゆき

虹有社

地質と土壌

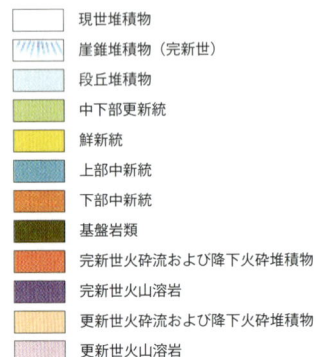

地質概略図

地質は島の中央を南北に走る２つの大きな山脈に対応して、西部、中央部、東部の３つに区分される。特に西部や中央部は、地殻変動に加えて、緯度が高いゆえの寒冷な気候や、火山の爆発の影響を強く受けている。

出典：『アーバンクボタ』No.24（株式会社クボタ発行）より転載

火山が多い日本の中でも、北海道は特に火山の多い地域である。その中には現在も活動している火山もある。そのため、北海道の地質と土壌には、火山活動の影響を強く受けたものが多い。　（地質と土壌についての詳細はP56）

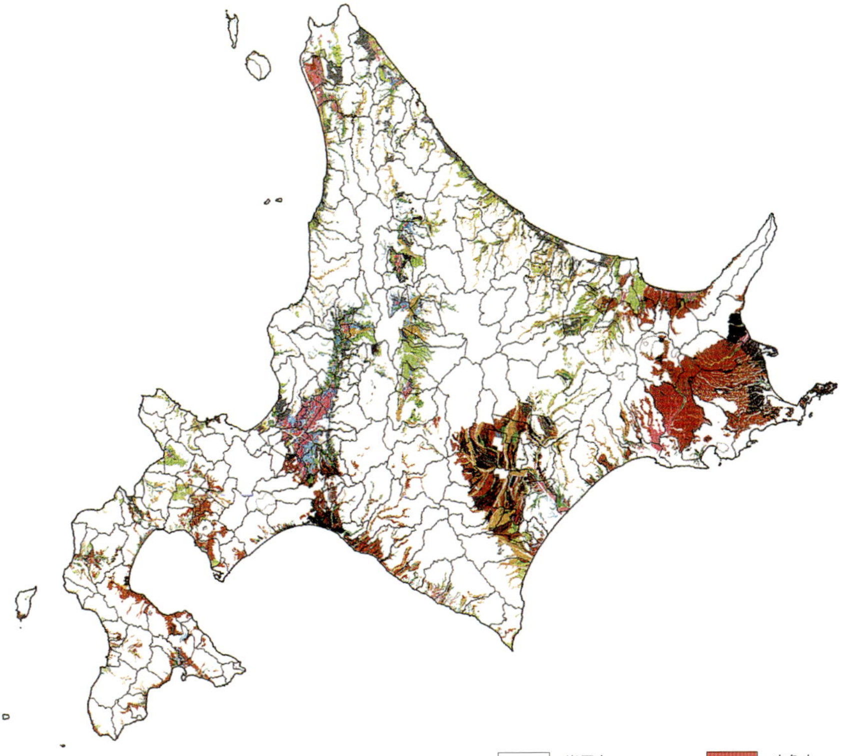

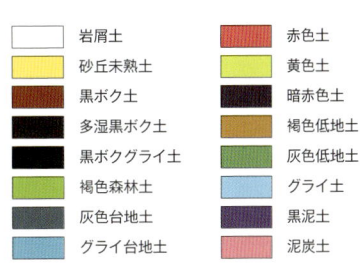

土壌分布図

土壌も寒冷な気候や火山活動の影響を受けている。全体では黒ボク土、多湿黒ボク土などの火山性土や、泥炭土、そして灰色台地土の割合が高い。出典：「図-1 北海道における土壌分布」（地力保全基本調査 北海道の耕地土壌図 北海道立中央農試）『北海道の土壌断面標本とその概説 土の館 常設展示案内書』（スガノ農機株式会社発行）より転載

岩屑土	赤色土
砂丘未熟土	黄色土
黒ボク土	暗赤色土
多湿黒ボク土	褐色低地土
黒ボクグライ土	灰色低地土
褐色森林土	グライ土
灰色台地土	黒泥土
グライ台地土	泥炭土

概要と動向

　北海道は日本の最北（北緯41度21分〜45度33分）に位置し、中心地である札幌市はフランスのマルセイユと、また旭川市はカナダのトロントと、函館市はイタリアのローマやアメリカのシカゴとほぼ同じ緯度である。北海道のワイン造りは地勢、気候などが影響し、本州とは違っている。本章ではポイントを挙げてワイン造りの概要と動向を説明する。

1 新しいワイナリーの設立と小規模ワイナリー

　北海道は日本のワイン産業において、長野県と並び、今、最も活気のある土地だ。新しいワイナリーが続々と設立されているだけでなく、ワイナリー設立を視野に入れて、わざわざ北海道に移住して、新規に就農する人も増え続けている。

空知地方岩見沢市にある「ナカザワヴィンヤード」。かつて牧草地だったところに拓かれた畑は、面積2.7haで緩やかな南斜面。丘陵地でうねりのある土地が続く。一帯には近年、ワイン用のブドウ園の開園が続いている。

　2015年現在、実質的に稼働しているワイナリーは28軒であるが、そのうち2000年以降に設立されたワイナリーは21軒もあり、2008年以降は毎年ワイナリーが設立されている。こんな都道府県は日本全国探しても、ほかにはない。2014年には2軒のワイナリーが設立され、さらに2015年には、4軒のワイナリーが設立された。北海道のワイン造りが、この十数年でいかに大きな変化をみせているかがうかがえる。また2000年以降、北海道で設立されたワイナリーは、そのほとんどが年間生産量10万本以下の小規模ワイナリーである。

　北海道のワイン産業は激動の最中にあり、今後もこうした傾向は続きそうだ。背景には、本州に比べて土地の価格が格段に安いことと、まとまった一枚続きの、ヘクタール（ha）単位の広いブドウ園を開園しやすいことなどが指摘できる。とりわけ空知地方にある岩見沢市と、隣接する三笠市、そして後志地方の余市町は、ワイナリーとワイン用ブドウ畑が集積し、ブドウ栽培からワイン造りまでが一貫して行われる、日本における本当のワイン産地に発展していく可能性を持っている。

ワイン用ブドウ園のある市町村

(各栽培地についての詳細はP63)

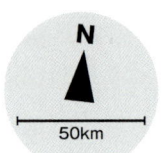

余市町(詳細図→P88)
- 平川ワイナリー
- 登醸造
- OcciGabi Winery(オチガビワイナリー)
- 余市ワイン
- Domaine Takahiko(ドメーヌ タカヒコ)
- Domaine Atsushi Suzuki(ドメーヌ アツシ スズキ)
- リタファーム&ワイナリー
- 中井農園

東川振興公社
多田農園
富良野市ぶどう果樹研究所
TAKIZAWA WINERY(タキザワワイナリー)
YAMAZAKI WINERY(山﨑ワイナリー)
鶴沼ワイナリー ※北海道ワイン直営農場
宝水ワイナリー
10R(トアール)ワイナリー
KONDOヴィンヤード
ナカザワヴィンヤード
北海道ワイン
OSA WINERY(オサ ワイナリー)

NIKI Hills Village(ニキ ヒルズ ヴィレッジ)
ベリーベリーファーム&ワイナリー仁木
松原農園
マオイワイナリー
千歳ワイナリー
ばんけい峠のワイナリー
さっぽろ藤野ワイナリー
八剣山ワイナリー
奥尻ワイナリー
月浦ワイン醸造所
富岡ワイナリー
はこだてわいん
農楽蔵

宗谷地方
留萌地方
上川地方
空知地方
石狩地方
後志地方
胆振地方
日高地方
檜山地方
渡島地方

名寄市
剣淵町
小平町
沼田町
深川市
旭川
東川町
美瑛町
上富良野
▲十
中富良
富良野市
南富良野町
浦臼町
歌志内市
三笠市
岩見沢市
長沼町
札幌市
札幌
小樽市
仁木町
共和町
倶知安町
余市町
小樽
積丹半島
蘭越町
ニセコ町
▲羊蹄山
黒松内町
洞爺湖
壮瞥町
渡島半島
乙部町
厚沢部町
北斗市
函館
奥尻町
日高山脈

8

2 広大な土地

　北海道の総面積は 8 万 3450 ㎢で、国土の 22.1%を占める。その広さは、ほぼオーストリア一国に匹敵し、東京都の 39.7 倍に当たる。ブドウ栽培地の北端の名寄市と南端の北斗市の間の距離は約 296km であるのに対し、山梨県でワイン造りが行われている東端の甲州市勝沼町と西端の北杜市小淵沢との距離は約 43km である。つまり北海道は一都道府県でありながら、気候にせよ、ワイン造りにせよ、とてもひとことでは語れない。

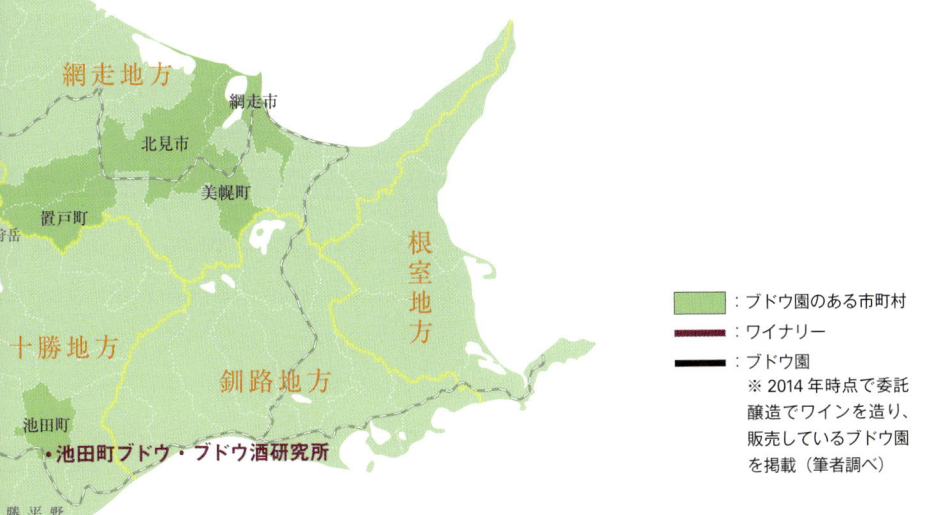

　ブドウ畑やワイナリーは、主に南北を走る山脈の西側である日本海側に多く、東側には、十勝地方にわずか 1 軒のワイナリーがあるのみである。また、西側も、くまなくブドウ栽培やワイン造りが行われているわけではなく、ワイナリーやブドウ園が点在しているというのが実情だ。それでも、後志地方の余市町や空知地方の浦臼町では、海外の銘醸地のように、ブドウ園がひたすら広がる光景に出会える。

北海道ワインの「鶴沼ワイナリー」(畑のみで醸造所はない)では遅摘み、雪摘みに挑戦中。

3 冷涼な気候とドイツ系品種

　広大な北海道の気候をひとことで語るのは難しいものの、北海道はブドウ栽培の北限の地に当たり、全般的には気候が冷涼低湿である。ブドウの生育期間は短いものの、梅雨がなく、湿度が低い点はメリットである。冷涼な気候を生かして、ドイツ系品種の栽培が盛んだが、最近では気温が上昇している傾向もあり、そのほかのヨーロッパ系品種の取り組みも増えている。

　栃木県のココ・ファーム・ワイナリーのように、これらの北海道産のブドウを使ってワインを造る道外のワイナリーもある。大手ワインメーカーでは、サッポロワイン(ワイナリーは山梨県と岡山県)のみが北海道のブドウを使ってワインを造っている(2016年1月現在)。

ソーヴィニヨン・ブランも期待の品種だ（三笠市にあるYAMAZAKI WINERYの自社畑。写真：YAMAZAKI WINERY 提供）。

4 ブドウ栽培に根ざしたワイン造り

　北海道ではヨーロッパ系品種から造られているワインが多い。ワイナリーだけではなく、栽培農家もこれらの品種を育てており、日本では異例の、ヨーロッパ系品種専業のブドウ栽培農家がいるというのが北海道の特徴だ。北海道で栽培されているブドウの約半分がワイン用に使われている。

　農家やワイナリーの1軒当たりの栽培面積は、本州よりも広く、集約的な農業が行われている。事実、果樹農家1戸当たりの耕地面積は、1.77haと全国平均の0.65haの2.7倍となっている（2013年農林水産省　農業構造動態調査）。言い換えれば、1ha当たりにかける労働時間が本州よりも短いと推察されるため、ワイン用ブドウのみで生計が立つのである。

　ワイナリーは一部の例外を除き、北海道産のブドウのみでワインを造っている。道内の小規模ワイナリーの自社畑率は、本州に比べるとはるかに高く、**YAMAZAKI WINERY**や**月浦ワイン醸造所**など100%自社畑産のブドウでワインを造る、フランスでいう「ドメーヌ」も複数軒存在する。つまり、ブドウ栽培に根ざしたワイン造りが、ほかの都府県より盛んな土地だといえる。

余市町登地区にある木村農園。なだらかな起伏の斜面を中心にブドウ園が見渡す限り広がっており、その光景は、とても日本のものとは思えない。この余市湾を望むうねりのある丘陵地帯が、道内一のブドウの産地なのだ。

余市町登地区にある藤澤農園。品種はツヴァイゲルト。栽培農家の藤澤裕治さんは、新しい品種の植栽にも積極的に取り組む。岩見沢市の10R（トアール）ワイナリー（「上幌ワイン」用として）、栃木県のココ・ファーム・ワイナリーにブドウを出荷している。

13

5 ワイン造りを委託するブドウ園

　委託醸造によるワイン造りを継続しているブドウ園の多さも、北海道のワイン造りの特徴になりつつある。

　この背景には、2012年に日本で初めて委託醸造を受けることを主たる目的とした **10Rワイナリー**（トアール）が設立されたことがある。また **北海道ワイン** は、長年にわたって、**松原農園** などから委託を受けて、農園のブドウを使い、その名を冠したワインを造り続けてきた（松原農園は2014年にワイナリーを設立した）。

　2015年時点では、こうしたブドウ園には、ほかに **ナカザワヴィンヤード**、**KONDOヴィンヤード**、**多田農園** などがある。また道内の **東川町** という地方行政団体も10Rワイナリーに委託醸造を行っている。

北海道ワインの日本ワインの生産量は267万本とダントツに多く、他の追随を許さない。

岩見沢市に設立された10Rワイナリー。委託醸造を主たる目的にしているため、個人が立ち上げたワイナリーとしては、規模も大きい。

10Rワイナリーには、少量のブドウでも仕込みができるように、容量の小さなタンクが数多く揃う。

10Rワイナリーでは、複数の生産者が並行して作業ができるよう配慮されている。例えば、発酵タンクはすべて可動式で電源パネルも多く用意されている。日本初の床暖房付きの醸造場でもある。

主要なブドウ品種

冷涼な気候を反映して、北海道の主要品種は本州とはやや異なっている。耐寒性のある北海道独自の交配品種も栽培されている。

(品種の説明は P107)

主要：北海道の主要品種、期待：著者が今後期待する品種、独自：独自に開発された品種。
P000：品種の説明と北海道産のその品種で造られたワインを掲載しているページ。

ヨーロッパ系品種・交配品種

ピノ・ノワール 期待 P119

ソーヴィニヨン・ブラン 期待 P116

メルロ 期待 P121

シャルドネ 期待 P116

ピノ・ブラン
(ヴァイスブルグンダー)
期待 P120

ケルナー 主要 P115

ツヴァイゲルト 主要 P117

ミュラー・トゥルガウ 主要 P120

バッカス 主要 P118

ゲヴュルツトラミネール 期待 P115

ピノ・グリ 期待 P118

アメリカ系品種・交雑品種

ナイアガラ 主要 P123

デラウェア 主要 P122

キャンベル・アーリー
主要 P122

日本特有の交雑／交配品種

やまさち
山幸 主要 独自 P125

きよまい
清舞 独自 P124

ふらの2号 独自 P124

ヨーロッパの交雑品種

清見 主要 独自 P125

セイベル 5279
P125

セイベル 10076

セイベル 9110
P126

セイベル 13053 主要 P126

写真提供：富良野市ぶどう果樹研究所（ふらの2号、セイベル5279、セイベル10076）、TAKIZAWA WINERY（ソーヴィニヨン・ブラン）、YAMAZAKI WINERY（メルロ）、ナカザワヴィンヤード（シャルドネ、ケルナー、ゲヴュルツトラミネール、ピノ・グリ）、池田町ブドウ・ブドウ酒研究所（山幸、清舞、清見）、北海道ワイン（ピノ・ブラン、ミュラー・トゥルガウ、バッカス、デラウェア、キャンベル・アーリー、セイベル9110、セイベル13053）

19

日本でワインに仕込まれているブドウの上位10品種

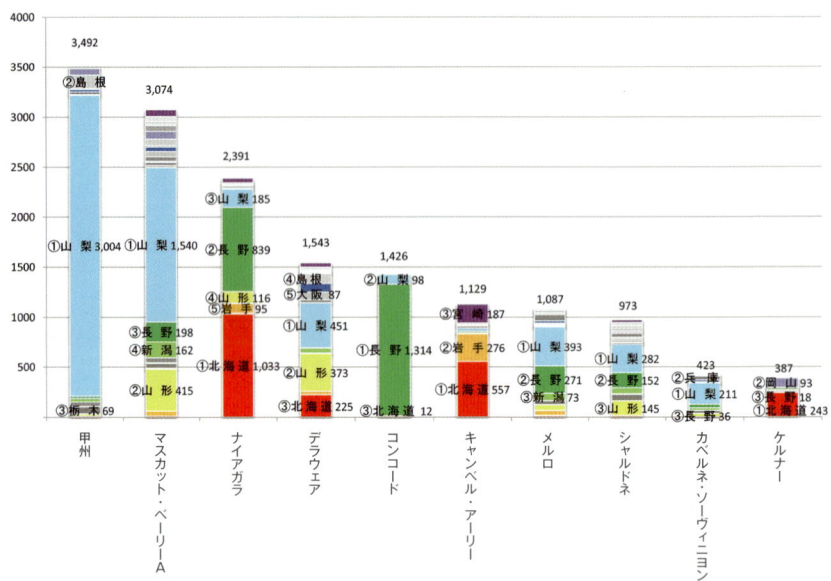

出典：国税庁　果実酒製造業の概況（平成26年度調査分）（単位：t）
(注) 複数のワイナリーが、複数の都道府県にまたがっている場合には、ブドウを最も多く使ったワイナリーがある都道府県に集計して、その値が記されている。

　上のグラフは、使用量の多い上位10品種を県別の数量とともに挙げたものである（この使用量には、醸造に使われた量に加えて、果汁用に使われたブドウの量も含まれている）。現状では、各品種の栽培面積は明らかになっていないため、この使用量から、それぞれの品種の都道府県の使用実態が分かるとともに、栽培状況も推察できる。
　グラフを見ると、ナイアガラ、キャンベル・アーリーといった生食用との兼用品種、さらにはケルナーといったドイツ系品種は、およそ半分が北海道で醸造されており、栽培面積も同様の状況だと考えられる。一方、醸造量の1位と2位を占める甲州とマスカット・ベーリーAは、北海道では醸造されていない。北海道のワイン造りの特徴がこちらからもうかがえる。

日本ワイン 北海道

はじめに

　日本ワインとは、日本のブドウで造られたワインである。これは2015年に、国税庁によって法的にも定められた。そして、ここ数年、いまだかつてないほど、日本ワインが注目されている。日本ワインの生産量は増加傾向にあり、市場は活況を呈している。こうした状況の中、日本ワインが一体どのような条件のもとで造られているのか、さまざまな要素を体系的に整理しておく必要性を強く感じていた。
　そもそも日本ワインの味わいを決めているものは何だろう？
　ワイン用のブドウが育まれた土地が、標高の高い盆地なのか、また寒さが厳しい土地なのか、水はけの良い土壌なのか……。こうした条件が違えば、収穫されるブドウは異なり、ワインの味わいは変わってくる。また同じ土地でも、どんな品種で、どんな栽培方法をとるか、つまり、その土地の造り手たちの取り組み次第で、ワインは変わる。本書では、こうした土地を取り巻くさまざまな要素のデータや資料などを、分野ごとに拾い集め、日本ワインを捉えようとしている。
　北海道のワイン造りは、ますます活発化している。2008年以降、毎年ワイナリーが設立されており、その数はそろそろ30軒に達するほどの勢いだ。何よりもワイン用ブドウの栽培面積が着実に増えていることが指摘できる。
　そして注目すべきは生産量だけではない。ここ数年リリースされたワインの中には、従来の北海道産のワインのイメージを覆すどころか、海外の評論

家たちさえ唸らせるワインが登場している。北海道のワイン産業の構造やワイン造り、そしてワイン自体が変貌を遂げつつある。そういう意味でも、北海道は今後の日本ワインを支える重要な地域なのである。

本書では、北海道全体のワイン造りの歴史について説明したうえで、地理・地勢、気候、地質、土壌について解説している。その後、それぞれの地方ごとに、これらの項目によりフォーカスし、そうした環境のもとでの、それぞれのワイナリーのワイン造りとワインに触れた。最後には、北海道で栽培されている品種の解説も加えた。

ブドウの醸造量、栽培面積について、本書では、二つのデータソースを用いている。日本ワインの主要原料品種、つまり醸造量が10位以内の品種については、国税庁が初めて詳細なデータを明らかにした、2014年度の「果実酒製造業の概況」をもとに記している。しかし、10位以下の品種については、現状では国税庁から、データは発表されていない。そのため、これらについては、農林水産省が毎年実施している「特産果樹生産動態等調査」（2013年度）の結果をもとに記した。

気候は、アメダスの観測地のデータを、地質、土壌については、過去の調査データを参照した。少しでも現状に即した情報を得るために、土壌は、実際にその地でブドウを栽培している生産者たちからの証言も集めた。

東京大学の空間情報科学研究センター長の小口高先生および北海道の株式会社ズコーシャの丹羽勝久さんから、多くの資料とともに貴重なご助言を得た。ここで感謝を申し上げたい。

ワインが育まれた北海道の風土を描いている多様な要素を知ることで、おぼろげながらも、北海道のワインのイメージをさらに膨らませることができればと願っている。こうした作業の積み重ねが、ワイン産地、日本のテロワールまたは風土の検証につながると考えている。

目次

ワイナリーと地勢 …………………………………… p2

地質と土壌 …………………………………………… p4

概要と動向 …………………………………………… p6

主要なブドウ品種 …………………………………… p16

はじめに ……………………………………………… p22

第1章 ワインの生産量と特徴 …………………… p27

ワインの生産量 …………………………………… p28

ワインの特徴 ……………………………………… p31

第2章 ワイン造りの歴史 ………………………… p35

歴史 ………………………………………………… p36

北海道のワイン造り（年表）…………………… p44

第3章 ブドウ畑を取り巻く自然環境 …………… p45

地理・地勢 ………………………………………… p46

　　　　気候 ……………………………………………… p48
　　　　　降水量 ………………………………………… p49
　　　　　気温 …………………………………………… p49
　　　　　有効積算温度 ………………………………… p53
　　　　地質 ……………………………………………… p56
　　　　土壌 ……………………………………………… p58

第4章　ワイン造りとブドウ栽培地 ……………… p63
　　　上川地方 ………………………………………… p64
　　　　上川地方のワイナリー＆ヴィンヤード……… p67
　　　空知地方 ………………………………………… p68
　　　　空知地方のワイナリー＆ヴィンヤード……… p73
　　　十勝地方 ………………………………………… p75
　　　　十勝地方のワイナリー ……………………… p77
　　　後志地方 ………………………………………… p78
　　　　後志地方のワイナリー＆ヴィンヤード……… p85

檜山地方と渡島地方（道南）……………………… p90
　　　檜山地方・渡島地方のワイナリー ……………… p94
　　その他の栽培地（留萌・網走・石狩・胆振地方）… p95
　　　石狩地方のワイナリー ……………………………… p97
　　　胆振地方のワイナリー ……………………………… p98
　　栽培地一覧 ……………………………………………… p99

第5章　栽培と品種 …………………………………… p103

　　栽培と仕立て ………………………………………… p104
　　品種 …………………………………………………… p107
　　品種説明 ……………………………………………… p114

　　参考文献 ……………………………………………… p127

第1章

ワインの生産量と特徴

年ごとで変動はあるが、北海道の日本ワインの生産量は、現在は山梨県に続き全国第2位（ただし3位の長野県とほぼ同量）。年間約320万本のワインが生産されている。ワインは香り豊かで、酸が豊かな白ワインと、同様に酸が豊かで渋味が穏やかな赤ワインが多い。近年はスパークリングワインがさらに増加中だ。また遅摘みや一部貴腐を混ぜた極甘口ワインも比較的多い。

ワインの生産量

日本ワインの生産量は全国第2位

　2015年まで、北海道における日本ワインの生産量の正確なデータはなかった。しかし同年9月に国税庁が発表した2014（平成26）年度の「果実酒製造業の概況」によって、初めて、ほぼ日本ワインの生産量に近い値が明らかになった。厳密には日本ワインの生産量ではなく、各ワイナリーがワイン醸造のために入手したブドウの数量だが、本書では、このデータを日本ワインの生産量として話を進めていく。

　2014年時点で日本ワインの日本全国の生産量は約2万tだ。一方、日本では海外原料を使った果実酒も製造されており、日本ワインがこうした果実酒も含めた「国内製造ワイン」に占める割合は、2014年時点で4分の1弱になる（**図1**参照）。

　また約2万tのブドウの数量から概算すると[*1]、生産されるワインは1万4134kℓで、750mℓのボトルで年間約1880万本のワインが生産されていることになる。同様に計算すると、北海道の日本ワインの年間生産量は2402kℓであり、年間生産量が最も多い山梨県（4930kℓ）に次ぎ、第2位。これを3位の長野県（2396kℓ）が僅差で追い、山形県（1002kℓ）が続く（**図2**）。この4道県で日本ワインの全生産量の約76％を占めていることが推察される。

[*1]　原料の7割がワインになったと仮定して計算。

日本ワインはどこで造られているか？

図1　「国内製造ワイン」における国産原料比率

2015年10月、国税庁が日本産酒類の振興等を目的に、国際的なルールを踏まえた「果実酒等の製法品質表示基準（国税庁長官の告示）」でワインの表示ルールを定めた（法的な拘束力のあるルールになる）。このルールでは、国産ブドウのみを原料とし、日本国内で醸造された果実酒を「日本ワイン」と呼ぶことが定められた。施行は3年後になる。また、海外原料を使用した果実酒も含めた、日本国内で製造された果実酒・甘味果実酒は「国内製造ワイン」とすることになった。「国内製造ワイン」の中で国産原料の使用割合（生果換算の重量比）は23.6％、つまり4分の1以下にすぎない。

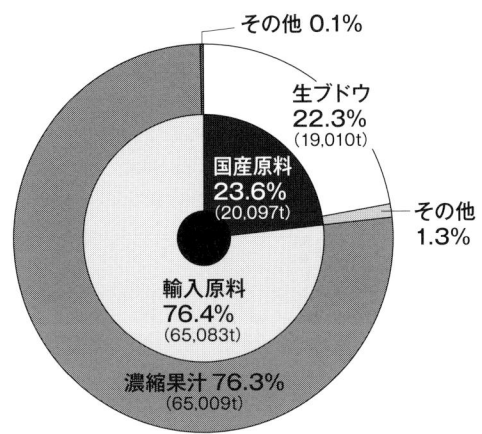

出典：国税庁「果実酒製造業の概況」2014（平成26）年度より筆者作成

図2　果実酒製成数量と日本ワインの推定生産量

「果実酒製成数量」と「日本ワインの推定生産量」の順位を比べると、前者では6位の北海道が後者では2位に位置しており、しかも長野県の生産量とほとんど変わらない。

出典：（左表）国税庁「統計年報」平成26年、（右表）国税庁「果実酒製造業の概況」2014（平成26）年度より筆者作成。

●果実酒製成数量

順位	都道府県	製成数量(kl)
1	神奈川県	34,034
2	栃木県	21,073
3	山梨県	16,975
4	岡山県	8,269
5	長野県	4,696
6	北海道	2,909
7	青森県	1,584
8	山形県	1,173
9	静岡県	575
10	岩手県	559
	全国合計	95,163

●日本ワインの推定生産量

順位	都道府県	製成数量(kl)
1	山梨県	4,930
2	北海道	2,402
3	長野県	2,396
4	山形県	1,002

（※5位以下不明）

	全国合計	14,134

第1章　ワインの生産量と特徴

図3　主要道県の生産形態

ワイナリーの回答をもとに各地域の日本ワインの生産構造を図式化した。北海道のみならず日本全体の日本ワインの生産において「北海道ワイン」の占める割合が高いことが分かる。

※筆者調べ

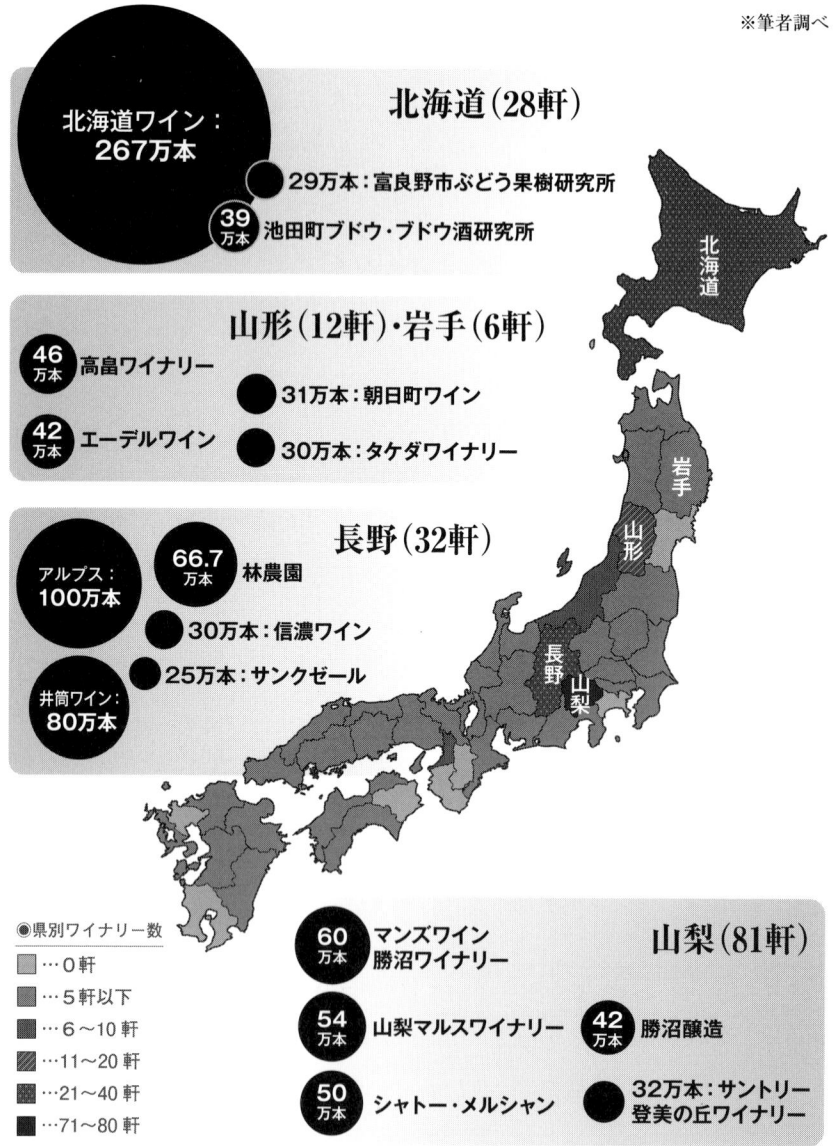

ワインの特徴

　北海道全体としては、白ワインのほうが多い（ナイアガラとデラウェアからそれぞれ年間100万本前後のワインが造られている）。基本的には、3000円以下のワインが主流。一部の例外を除いて、赤、白いずれにおいても、本州で造られるワインよりも手頃な価格のものが多い。

白ワイン

　北海道では白ワインの生産量が赤ワインをはるかに上回る。なかでも**香りが豊かでアロマティックなワインが多い**。というのも北海道の冷涼な気候に適したワイン用ブドウに香り豊かな品種が多いからである。具体的な品種としてはケルナー、ミュラー・トゥルガウ、バッカスなどヨーロッパ系品種（ヴィティス・ヴィニフェラ）の中の**ドイツ系品種**が挙げられる。これらの品種は完熟まで待っても、ブドウ中に含まれているにおいの素となる物質の量が低下しないことも指摘できる。ワインはかつては中甘口タイプが多かったが、最近は辛口タイプも増えている。

　酸の豊かさも、北海道の白ワインの特徴として挙げられる。気候の変動もあって、北海道以外の土地では、ブドウの酸の低下を懸念して、早く収穫したり、醸造において補酸をしたりしているが、北海道の生産者がこうした心配事に悩まされることはほとんどない。豊かな香りと酸が果実味と同居することが、北海道の白ワインの魅力でもある。

　北海道での醸造量の1位、2位を占めるナイアガラとデラウェアは、先の

白ワインの キーワード	赤ワインの キーワード
○ アロマティックなドイツ系品種が多い。 ○ 豊かな香りと酸が果実味と同居。 ○ 樽との接触のないタイプが圧倒的に多い。	● 酸が豊かで、渋味が穏やか。 ● 樽との接触のない軽やかなタイプが主流。 ● ピノ・ノワールの成功が人気を後押し。

　3品種とは異なるアメリカ系品種（ヴィティス・ラブラスカ系の品種）だが、こちらも香りが豊かなタイプである。これらの品種から造るワインは甘さを残した中甘口、甘口が多く、大半が1000円台という手頃な価格になる。

　ドイツ系の品種もアメリカ系の品種も、ワインは樽との接触のない（樽発酵、樽熟成をしていない）タイプが圧倒的に多い。アメリカ系品種は早飲みタイプだが、ドイツ系品種の中には、たとえ樽との接触がなくても熟成の可能性を感じさせるワインもある。

　ワイン用ブドウで最も醸造量が多いケルナーは、1000円台前半のものもあり、最近、知名度も上がっている。しかし同じケルナーでも、後志地方一帯のものと空知地方一帯のものとでは特徴も異なる。前者に比べ、後者はよりハーブのような香りが豊かになる傾向がある。

　今までドイツ系品種や、ナイアガラとデラウェアが主流だった北海道のワインにも変化が見られる。ドイツ系以外のヨーロッパ系品種の増加だ。ソーヴィニヨン・ブラン、ピノ・グリ、シャルドネがそれに当たる。これらの品種から造ったワインの価格帯は、2000円台から3000円台。樽熟成をさせているものもある。

| 北海道のワイン
| その他のキーワード

◇ 3分の1以上のワイナリーがスパークリングワインを手掛けている。
◇ 甘口、極甘口のワインが多い。
◇ 低価格帯のものが豊富。

赤ワイン

　冷涼な気候の北海道だが、意外に赤ワインも多い。ただし、本州の赤ワインとは異なり、大半が樽発酵や樽熟成を経ない、**軽やかなタイプが主流**である。**酸が豊かで、渋味が穏やかな**ことも一般的な特徴である。

　これには、ワイン用ブドウでは日本で最も醸造量の多いメルロや、そのほかカベルネ・ソーヴィニヨンなどボルドー系品種を使ったワインが、北海道ではほとんど造られていないという背景が指摘できる。ちなみに、こうしたワインは、豊かな渋味が特徴的である。

　またボルドー系品種のワインは5000円以上の価格となることが少なくないのに対して、北海道のツヴァイゲルト、ピノ・ノワールのワインは2000～3000円台。5000円以上のものは現状ではほとんどない。

　ピノ・ノワールは、樽で熟成されるケースがほとんどで、主流はミディアムボディである。とはいえ、品種特有のアロマを持ったワインも造られるようになっており、この品種のワインの成功が、北海道のワインの人気を後押ししているのは間違いない。さらに最近では、この品種を畑に植える際、複数のクローンを選んでいるケースが多く、これらのブドウの樹が成木になった暁には、さらに上質なワインが出てくることが期待できる。

　生産量としては減少傾向ではあるものの、赤用のセイベル種からは、軽やかな味わいの低価格帯のワインが造られている。

北海道ワインの自社管理農園である鶴沼ワイナリーでは、降雪後も収穫せずに、一部、実が凍ったり、貴腐が付いたりしてから収穫している。

スパークリングワイン

実は日本で初めて瓶内二次発酵によるスパークリングワインが造られたのは、池田町ブドウ・ブドウ酒研究所においてである。収穫時のブドウ中の酸の豊かさ、ひいては瓶内二次発酵前のベースワインの酸の豊かさは、スパークリングワイン造りにおいて大きなメリットとなる。

事実、北海道のワイナリー28軒中の、すでに3分の1以上がスパークリングワインを手掛けており、今後も増えていきそうな気配だ。特にこの数年で**瓶内二次発酵によるものが増えた。**

甘口・極甘口ワイン

遅摘みしたブドウや、一部貴腐ブドウを混ぜたものや、凍ったブドウから造られた**甘口、極甘口のワインが比較的多い**のも北海道の特徴である。

極甘口ワインについては、北海道ワイン、はこだてわいんが力を入れているが、ケルナーを使ったものが圧倒的に多い。また、ふらの2号というヤマブドウの流れを引く交雑種からは富良野市ぶどう果樹研究所によって、池田町の山幸というブドウからは池田町ブドウ・ブドウ酒研究所によって、それぞれ日本では珍しいアイスワインが造られている。

第2章

ワイン造りの歴史

北海道のワイン造りの始まりは明治初期。ワイン生産が途絶える時期もあったが、初めてワイン造りが行われたのは、1876（明治9）年と、日本で初めて本格的なワイン造りが始まった年（1874年）とわずか2年しか違わない。しかも、その取り組みは、ブドウ栽培に根ざした本格的なものだった。現在のワイン産業の基盤は1970年代に築かれ、2000年以降、特に活発化している。ワイナリーの設立も続き、この十数年でワイナリー数は倍以上になった。

歴史

北海道最初のワイン（明治初期）

　道産ワインの歴史は、日本ワインの歴史と、ほぼ長さを同じくしている。北海道において初めてワインが造られたのは、1876（明治9）年。山梨県にて本格的な日本のワイン造りが始まったとされている1874（明治7）年に遅れること、わずか2年だ。札幌に設立された「開拓使麦酒醸造所」の一画に建てられた「**開拓使葡萄酒醸造所**」において、ヤマブドウで8石（約1440ℓ）のワインが醸造されたのだ。そして、その翌年の1877（明治10）年には、アメリカ系品種（ヴィティス・ラブラスカ）を使ってワインが造られている。背景には、明治政府が推進した殖産興業政策の一環として、ブドウ栽培、ワイン造りが奨励されていたことがある。当初、明治政府は、アメリカを視察してきた**黒田清隆**らの意見を取り入れて、ワインを輸出商品として扱っていたのだ。

　ワイン造りに先立ち、1873（明治6）年には、札幌でブドウの試験栽培が開拓使によって始められている。さらに1875（明治8）年、札幌本庁構内に拓かれたブドウ園で本格的な栽培が始まった。ほとんど知られていないことだが、生食用ではなく、ワインを造ることを目的としたブドウ栽培への本腰を入れた取り組みは、北海道におけるこの開拓使の事例が日本で最も早く、加えて規模も大きかった。その背景には、北海道ではその当時、山梨県の勝沼のように既存のブドウ園が存在していなかったことが指摘できる。

1876（明治9）年、札幌の中心地に建てられた葡萄酒醸造所（現在の札幌市中央区北2条東4丁目サッポロファクトリー内）。敷地面積は6573.5㎡あった。
（北海道大学附属図書館所蔵）

1882（明治15）年の葡萄酒醸造所。建物左手に見える丸いものは、盛り土をして作られた15坪の「穴庫」（貯蔵庫）だという。
（北海道立文書館所蔵　簿書7748）

1885（明治18）年のワインラベル。赤ワインと白ワインの両方が残っている。サイズは9×12cm。
（北海道立文書館所蔵　簿書9325）

　まっさらの白い紙に絵を描くように、ワイン造りとブドウ栽培が始まったのだ。そして、明治初期における、ワイン造りを想定したブドウ栽培の中心的役割を担っていたのは、北海道の開拓使と内務省だった。
　さらに驚くことに、この札幌でのブドウ栽培の前に、北海道ではヨーロッパ系品種（ヴィティス・ヴィニフェラ）の栽培への取り組みがすでに始まっていた。1869（明治2）年に道南の七重村（現在の七飯町）にドイツ人のR．ガルトネルが農場を開園し、白ワイン用の品種を植え付けたのが、北海

第2章　ワイン造りの歴史　37

七重官園の当時のブドウ栽培の様子（明治13年頃か）。七重官園にはガルトネルのブドウ6株とともにアメリカ系ブドウ100株が植えられた。現在、七飯町にある「七飯町歴史館」では、当時の栽培方法にならい、ブドウを育てている。
（七飯町歴史館所蔵）

道におけるブドウ栽培の最初のようだ。ガルトネルは「フランケンタール（トロリンガー）」というブドウ品種を西洋リンゴとともに植えたという。ちなみにトロリンガーは、現在は赤用品種の黒ブドウのみが普及しているが（P118参照）、当時の記録には白用と記載されている[*1]。

ここで栽培されたブドウは、その後、同村内の「七重官園」[*2]に引き継がれ、アメリカ系品種とともに育てられた。そして、この七重官園のブドウの数千株が、前述した札幌本庁構内に造られたブドウ園が開園する際に移植された。

札幌にあった広大なブドウ園（明治中期）

ブドウ園の開園、ブドウの植栽はさらに続き、1879（明治12）年には、札幌一帯のブドウ栽培の総面積は100haを超えていた。また開拓使の顧問として働くお雇い外国人、**ルイス・ベーマー**によって、1881（明治14）年、ドイツ系品種などヨーロッパの品種が輸入されている（栽培用は17品種1800本）。ピノ・ノワール、ピノ・ブラン、シルヴァーナー、ミュスカ、ト

[*1] 七飯町歴史館だより『Pichari（ピチャリ）』23号（七飯町歴史館 2009年）によると、「『是迄「ガルト」ト喝ヘ来リシ葡萄 元字国人カルト子ル氏ノ齋チ来レルニ因テ●（原文ママ）ノ名アリ今其本名ヲ聞クニ字国産「フランケンタール」又一名「トロリンゲル」ト云フ是レハ白葡萄酒ニ醸スルニ最良ナリトス…」この一節は、当館所蔵の町指定文化財『迫田家文書』のうち『甕司官心得』に記された「醸酒ノ簡話」から抜粋したもので、明治15年10月26日に記録されたものです」とある。

[*2] 官園：明治初期、明治政府は殖産興業の一貫として農業を奨励。外国の農産物の試験栽培、農具、農法の試験を行い、農民や民間に伝える農業試験場を東京都と北海道に設立した。当時、これらの試験場は「官園」と呼ばれた。

1881年1月26日の「注文の葡萄その他植物到着通知付録（到着植物目録）」（北海道大学附属図書館所蔵）。
Sylvaner, Weiss（シルヴァーナー）
Gutedel, roth（グートエーデル：シャスラ）
Tuito, blan（不明）
Musucat, Weiss（ミュスカ・ブラン）
Elbling, roth（エルブリング）
Limberger, blan(レンベルガーを指す)
Sylvaner, roth
Oportom blan（ケコポルトと同一品種）
Clavner, blan(ピノ・ブランを指す)
Clavner roth（ピノ・ノワールを指す）
St. Laurent, blan（サン・ローラン）
Elbling, weiss
Traminer, roth（トラミネール）
Riesling, weiss（リースリング）
Gutedel, weiss
Riesling, roth

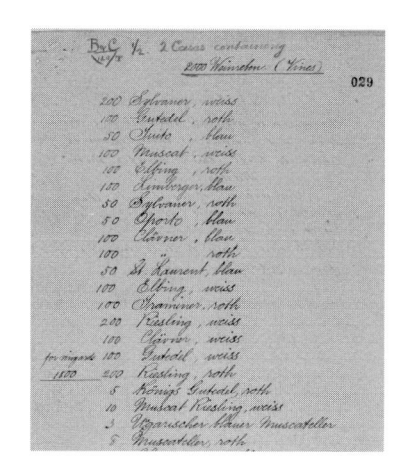

リースリング、シルヴァーナーは weiss（白）、roth（赤）の2種が記されている。いずれも現在は白用品種として知られるが、ピンクがかった色合いのものもあり、今なおドイツで栽培されているという。

　ラミネール（ゲヴュルツ・トラミネール）、リースリング、シャスラなどが、すでに日本に持ち込まれていたことが記録に残っている（上の写真）。そしてこれらの品種からもワインが造られていたようだ。

　しかし、明治政府の政策の転換によって、札幌の葡萄酒醸造所や札幌本庁構内のブドウ園は、桂二郎[*3]に1887（明治20）年に払い下げられ、引き続き谷七太郎[*4]に売却されていく。ワインを造っても、その頃の人々にワインは受け入れられず、やがてワインの販売は伸び悩み、1913（大正2）年には、とうとう廃業を余儀なくされた。

　このように、北海道においてワイン造りの息吹が聞こえたのは、日本でも有数の早さであっただけでなく、取り組み自体も本格的なものだった。つまり当時、開拓使、言い換えれば北海道にとって、ワインはそれだけ大切なものだった。しかしその後、半世紀あまり、北海道でワイン造りが行われることはなかった。

＊3　桂二郎：第11・13・15代内閣総理大臣である桂太郎の弟。
＊4　谷七太郎：能登の酒屋出身。後に屯田銀行の取締役となる。

丸谷金保氏。1957（昭和32）年に池田町長に就任。農業振興策としてブドウ栽培、ワイン造りを推進させた。
（写真提供：池田町ブドウ・ブドウ酒研究所）

ワイン造りの基盤ができた70年代（60年～90年代）

　1960（昭和35）年、十勝地方にある池田町の町長であった**丸谷金保氏**に
よって沈黙が破られる。ヤマブドウに注目した彼は、ブドウ栽培とワイン造
りによって、農業振興を図ろうとしたのだ。

　まずは町内の若い農業者たちが**ブドウ愛好会**を結成、挑戦が始まった。翌
1961（昭和36）年には、山梨や東京から生食用を中心とした40品種、5000
本の苗木を導入したが、そのほとんどが凍害によって枯れてしまった。

　一方、町では1962（昭和37）年に「農産加工研究所」を設立して、ワイ
ン造りの試験を始めた。そして1963（昭和38）年には、池田町は果実酒の
試験製造免許を取得して、町内の山ブドウを使ってワイン（「十勝アイヌ山
葡萄酒」と命名）が造られた。その後、丸谷氏は**池田町ブドウ・ブドウ酒研
究所**を設立。初めに苗木を導入した際に、わずかに生き残ったセイベル種と
いうハイブリッド（交雑種）を使ったワイン造りにも力を入れていく。また、
このセイベルを元に2万種類以上の交配を繰り返し、寒冷地でも生育の可能
な**山幸**、**清舞**を育成した。

　これが70年代になると、ワイン造りのために道内のほかの地域でヨー
ロッパ系品種が続々と輸入されるようになる。

　1973（昭和48）年には、**道立中央農業試験場**（現在の地方独立行政法人
北海道立総合研究機構 農業研究本部 中央農業試験場）がドイツ系品種10品

1975（昭和50）年、設立当初の「北海道ワイン」の本社醸造場（左）。同年頃、浦臼町に畑を拓く際に、杭を打っているところ（右）。
（写真提供：北海道ワイン）

種、オーストリア系9品種をドイツから持ち帰り、富良野市、仁木町でワイン用を目的としたヨーロッパ系品種の試験栽培を開始した。

　1975（昭和50）年には、**北海道ワイン**によって42品種、6000本ものドイツ系品種が輸入された（北海道ワインの会社設立は、1974年）。これらの苗は浦臼町の畑に植え付けられた。しかし、この苗もほとんどが枯れてしまい、残ったのはわずか300本。1978（昭和53）年に再度5700本もの苗が輸入されている。そして1979（昭和54）年、なんとか収穫にこぎ着けた。こうして、大正時代のワイン造りの中断以来約70年の時を経て、ヨーロッパ系品種から再びワインが造られることになったのだ。その時の品種は**ミュラー・トゥルガウ**だった。ちなみに北海道ワインは、その後もこの浦臼町のブドウ園での栽培を続け、徐々に畑も拡大していった（これが後述の鶴沼ワイナリーの前身となる）。

　道立中央農業試験場は、試験場や北海道ワインが持ち帰った苗の試験を続けていたが、1981（昭和56）年には、推奨品種として、**ミュラー・トゥルガウ**、**ツヴァイゲルトレーベ**（ツヴァイゲルト）、**セイベル13053**、**セイベル5279**を選出している。

　この頃、後志地方の余市町一帯でも、ワイン用ブドウの栽培に新たな動きが見られる。1983（昭和58）年にはサッポロワインが同町の農家と試験栽培を、翌年には契約栽培を始めたのだ。

第2章　ワイン造りの歴史　41

1979（昭和54）年に、北海道ワインの浦臼町の自社農園で、ようやく収穫できたミュラー・トゥルガウで造ったワイン。
（写真提供：北海道ワイン）

　また同年、余市町に隣接する仁木町にある「道立中央農業試験場」の出張所でも、約20品種の試験栽培が開始された。**ニッカウヰスキー**（現在ワイン事業は中断）は、これらの品種を使って1985（昭和60）年に試験醸造を行うとともに、余市町農協と契約を結び、ワイン用のブドウの植栽を依頼している。当時、ニッカウヰスキーのミュラー・トゥルガウのワインを飲んだドイツのガイゼンハイム研究所のベッカー教授は、日本から送られてきたワインを「ドイツワインと肩を並べる上質なもの」だと高く評価したという。

　こうして、それまではリンゴ栽培が主体だった余市町が、北海道のワイン造りを支える、ヨーロッパ系品種の一大産地になる基盤が出来上がった。

　また少し時間が前後するが、1982（昭和57）年には、**はこだてわいん**が余市町の農家7人にピノ・ノワールの苗木を配り、栽培を推奨している。多くの農家はピノ・ノワールの栽培を断念したが、唯一、**木村忠**さんはその後もこの品種を育て続けた。この時の苗が長い年月をかけて選抜され、今でも余市町で栽培が続いている。

新しいワイナリー設立の動き（2000年〜）

　新たな流れが生まれたのは2000年以降だ。

　2004年頃から日本国内において日本ワインが注目されるようになるとともに、北海道内のワイナリー設立も活発化する。とりわけ2008年に奥尻ワイナリーが設立されて以来、毎年、新規ワイナリーが設立されるようになり、

図4　2000年以降の都道府県別ワイナリー設立数（2016年以降の予測含む）

※筆者調べ

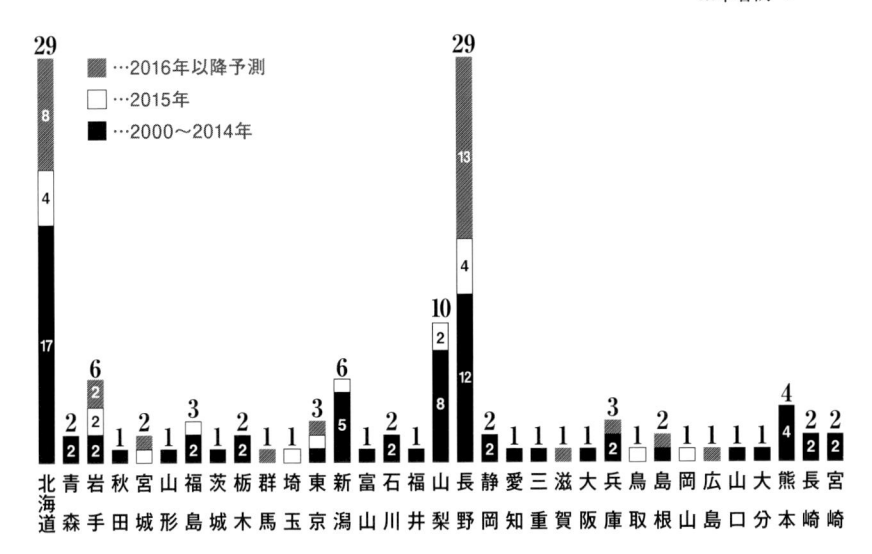

2000年以降に設立されたワイナリー数、および今後設立が予測されるワイナリー数を県別にグラフ化した。北海道と長野県の数がほかの都道府県を大きく引き離しており、この道県におけるワイナリー設立の動きの活発さがうかがえる。グラフは2015年9月時点での筆者の調査による。

2000年から2015年（10月時点）までに21軒ものワイナリーが設立されることになった。

　さらに2011年には、余市町が構造改革特区「**北のフルーツ王国よいちワイン特区**」として認定された。これにより、わずか2kLの少量の生産量でもワイナリーが立ち上げられることになったのだ。ワイン特区については、2014年11月にはニセコ町が「**ニセコ町ワイン特区**」を取得している。

　また2013年までは、個人が立ち上げるワイナリーが圧倒的に多かったが、2014年以降は企業の参入も再び見られるようになった。

　ワイナリーの増加とともに、行政サイドがワイン産業に関わるようにもなっている。2015年には、北海道庁の事業として、ワイン生産者を育成するための「ワイン塾」が開催され始めた。

北海道のワイン造り(年表)

1869(明治2)年	七重村にドイツ人のR.ガルトネルが農場を開園。ワイン用のヨーロッパ系品種を植え付ける(北海道におけるブドウ栽培の最初か)。
1873(明治6)年	開拓使によってブドウの試験栽培が札幌で始められる。
1874(明治7)年	本格的な日本のワイン造りが山梨県で始まる。
1875(明治8)年	札幌本庁構内のブドウ園でワイン醸造用を目的とした本格的なブドウ栽培が開始。
1876(明治9)年	札幌に「開拓使葡萄酒製造所」開業。北海道で初めてワインが造られる(ヤマブドウを使用)。
1877(明治10)年	「開拓使葡萄酒醸造所」でアメリカ系品種でワインが造られる。
1879(明治12)年	札幌一帯のブドウ栽培の総面積が100haを超える。
1881(明治14)年	ルイス・ベーマーによってドイツ系品種などが輸入される(栽培用は17品種1800本)。
1887(明治20)年	開拓使葡萄酒醸造所と札幌本庁構内のブドウ園が桂二郎に払い下げられる。
1960(昭和35)年	池田町でブドウ愛好会が結成される。
1961(昭和36)年	池田町が山梨や東京から生食用を中心とした40品種、5000本の苗木を導入(ほとんどが凍害によって枯れる)。
1962(昭和37)年	池田町に「農産加工研究所」を設立。
1963(昭和38)年	池田町は果実酒の試験製造免許を取得。山ブドウで「十勝アイヌ山葡萄酒」が造られる。
1973(昭和48)年	「道立中央農業試験場」がヨーロッパ系品種の試験栽培を開始。
1975(昭和50)年	「北海道ワイン」が42品種、6000本のドイツ系品種を輸入(わずか300本が残る。)
1978(昭和53)年	「北海道ワイン」が5700本の苗を輸入(翌年に収穫、ミュラー・トゥルガウからワインを醸造)。
1981(昭和56)年	道立中央農業試験場がミュラー・トゥルガウ、ツヴァイゲルトレーベ、セイベル13053、セイベル5279を推奨。
1982(昭和57)年	「はこだてわいん」が余市町の農家7人にピノ・ノワールの苗木を配り、栽培を推奨。
1984(昭和59)年	余市町でヨーロッパ系品種の本格的な商業栽培が開始。
1987(昭和62)年	余市町産のミュラー・トゥルガウから造られたワインが商品化される。
2011年	余市町が「北のフルーツ王国よいちワイン特区」に認定。
2014年	ニセコ町が「ニセコ町ワイン特区」に認定。

第3章

ブドウ畑を取り巻く自然環境

北海道の地理・地勢、気候、地質、土壌は、本州とは大きく異なっている。火山の多さ、寒冷な気候など、ブドウ畑を取り巻く自然環境は、育てるブドウ品種、栽培の仕方、収穫されるブドウ、ひいては出来上がるワインの味わいにも影響する。自然環境を知ることは、ワイン造り、ワインの味わいの背景にあるものを理解することにつながる。

地理・地勢

　北海道は、北東をオホーツク海、東側を太平洋、西側を日本海に囲まれており、日本の本土の中で本州に次ぐ面積を持つ。本島はひし形のような形をしており、中央部を南北に2列の山並みが走る。一つは西側の天塩山地から夕張山地の列、もう一つは東側の北見山地から石狩山地を経て日高山脈に走る列である。

　石狩山地にある大雪山系の旭岳（2291m）が北海道最高峰だが、日本アルプスなどを含む本州の中部山岳地域に比べると低い。とはいえ、東西を分断するかのように連なるこれらの山地は、周囲を流れる対馬暖流、そこから分岐する津軽暖流、宗谷暖流、そして千島寒流（親潮）とともに、北海道各地の気候に少なからず影響を与えている。具体的には、これらの山地の西側では、東側に比べて冬季の冷え込みが穏やかである。

　北海道のほぼ半分は山地であるが、日本のほかの地域と比べると山地の比率は低く（日本全土の山地の比率は約7割）、緩やかな丘陵地や雄大な平原も広がっている。一つ一つのブドウ園の面積は大きく、見渡す限りブドウ園が広がるその光景は、本州のものとはかなり異なっている。

　また本州の多くのブドウ園は、盆地の辺縁部に形成される扇状地に拓かれることが多いが、北海道のブドウ園は丘陵地帯に位置するものが多い。

北海道の地理・地勢とブドウ畑の標高

図5 北海道の地理・地勢

ひし形のような形の北海道本島には、中央部を南北に伸びる山地がある。山々の標高は本州に比べて低い。

図6 ブドウ畑の標高

冷涼な北海道では、ブドウ園が拓かれるのは、標高の低い、相対的に温暖な土地が多い。これに対して本州のブドウ園の立地は、盆地の辺縁部の標高の高い扇状地が多い。

ワイナリー	所在地	標高
池田町ブドウ・ブドウ酒研究所	池田町（北海道）	25〜55m
ナカザワヴィンヤード	岩見沢市（北海道）	50m
Domaine Takahiko	余市町（北海道）	50〜60m
農楽蔵	北斗市（北海道）	80m
10Rワイナリー	岩見沢市（北海道）	100m
富良野市ぶどう果樹研究所	富良野市（北海道）	180m
丸藤葡萄酒工業	勝沼町（山梨県）	400m
Kidoワイナリー	塩尻市（長野県）	740〜750m

第3章 ブドウ畑を取り巻く自然環境

気候

　北海道は日本におけるブドウ栽培の最北の地であり、気候は冷涼である。『北海道農業と土壌肥料 2010』（財団法人北農会）によると、「気温、降水量、日照時間には地域差があるものの、世界的な視点からすると北半球の中緯度に位置する割には冬の平均気温は極めて低く、大陸の寒冷な高気圧から吹き出す北西の季節風の影響を強く受けることに由来する。また、北海道の大部分は**冷帯多雨気候**に属している」とある[1]。

　北海道では、冬の寒さが厳しく、春の訪れも遅いが、雨が少なく梅雨も不明瞭である（6、7月の降水量が少ない）。台風に遭うこともめったにない。一年を通して湿度が低く、からっとしている。収穫時期には、ぐっと冷え込み、収穫月の平均最高気温が、山梨県の収穫月の平均最低気温を下回ることも多い。年ごとの変動が大きいのも北海道の気候の特徴である。

　また札幌の 1951 〜 1980 年の 1 月の平均気温がマイナス 4.9℃、1981 〜 2010 年の平均気温がマイナス 3.6℃と、平均気温の上昇が見られる。後述のように、空知地方でも将来の気温上昇が予測されている（P54 参照）。

　上川地方の富良野市、空知地方の岩見沢市、三笠市、浦臼町、十勝地方の池田町などが**内陸性気候**、余市湾に面した後志地方の余市町、仁木町、函館湾に面した渡島地方の北斗市などが**海洋性気候**である。大雪・十勝岳山系と夕張岳山系に囲まれた富良野市は、典型的な盆地気候で寒暖差は大きい。池

---

[1] 　ケッペンの気候区分によると、1年で最も寒い月の平均気温がマイナス3℃未満で、最も暖かい月の平均気温が10℃以上の場所が冷帯と定義されている。（『北海道農業と土壌肥料 2010』）

田町は、降雪量は少ないものの、北海道のワイン用ブドウ栽培地の中でも冬の寒さはかなり厳しい。一方、北斗市は、最も温暖である。

降水量

　図7によると、富良野市、岩見沢市、池田町、余市町の4〜10月の降水量合計は655〜783mmと長野県の松本市、山梨県の勝沼町といった本州のブドウ栽培地に比べると少ない。また、この降水量には積雪による値が含まれており、その比率は世界の冷涼な産地（フランス北部のランス、ドイツのバーデン、ラインガウ）に比べて高い。

気温

　富良野市、岩見沢市、池田町、余市町、北斗市のアメダスの平年値（1981〜2010年）（**図7**）によると、4〜10月の平均気温は12.8〜14.6℃と、日本のワイン用ブドウ栽培地の中では最も低く、その値はランス、バーデン、ラインガウとほぼ同じである。5つのいずれの町も冬季の最低気温が零度を下回り、特に池田町は1月と2月の平均最低気温が零下14℃を下回る。また富良野市では2000年以降に零下30℃以下を何度か記録している。

図7　北海道と各主要産地の気象データ（1981〜2010年の平均値）

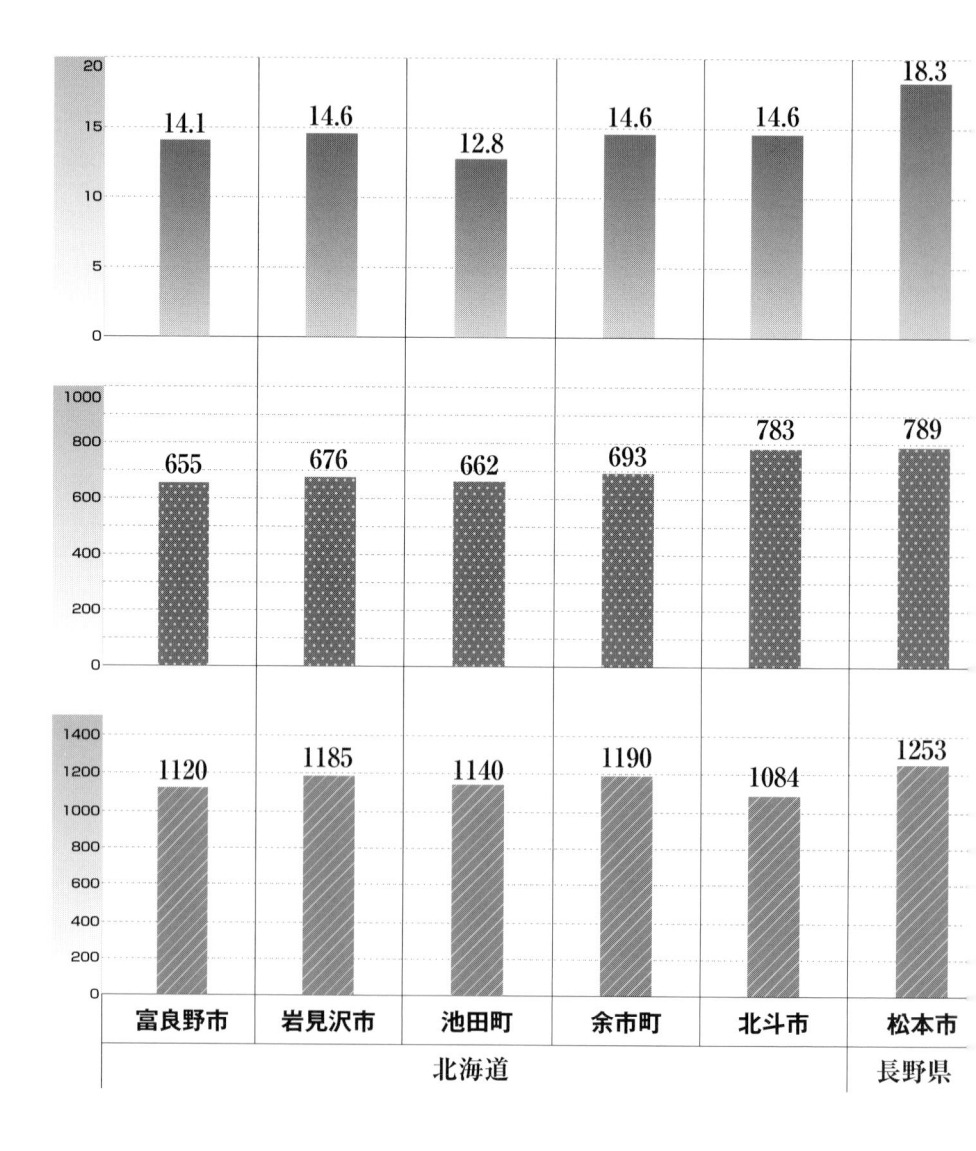

	富良野市	岩見沢市	池田町	余市町	北斗市	松本市
平均気温	14.1	14.6	12.8	14.6	14.6	18.3
(中段)	655	676	662	693	783	789
(下段)	1120	1185	1140	1190	1084	1253

北海道 ／ 長野県

50　第3章　ブドウ畑を取り巻く自然環境

北海道のブドウ栽培地と、ドイツとフランスの主要産地の気候を比較。ラインガウはドイツの銘醸産地、バーデンはドイツ最南端の産地。ディジョンはブルゴーニュ地方の、ランスはシャンパーニュ地方の都市。平均気温はドイツの二つの産地と近い。

出典：データはアメダスの1981〜2010年の平均値を参照している。アメダスの計測地点はワイナリーのブドウ園の近くを採用。ディジョン、ランス、バーデン、ラインガウのデータはJ.Gladstonesの『Viticulture and Environment』を参照した。

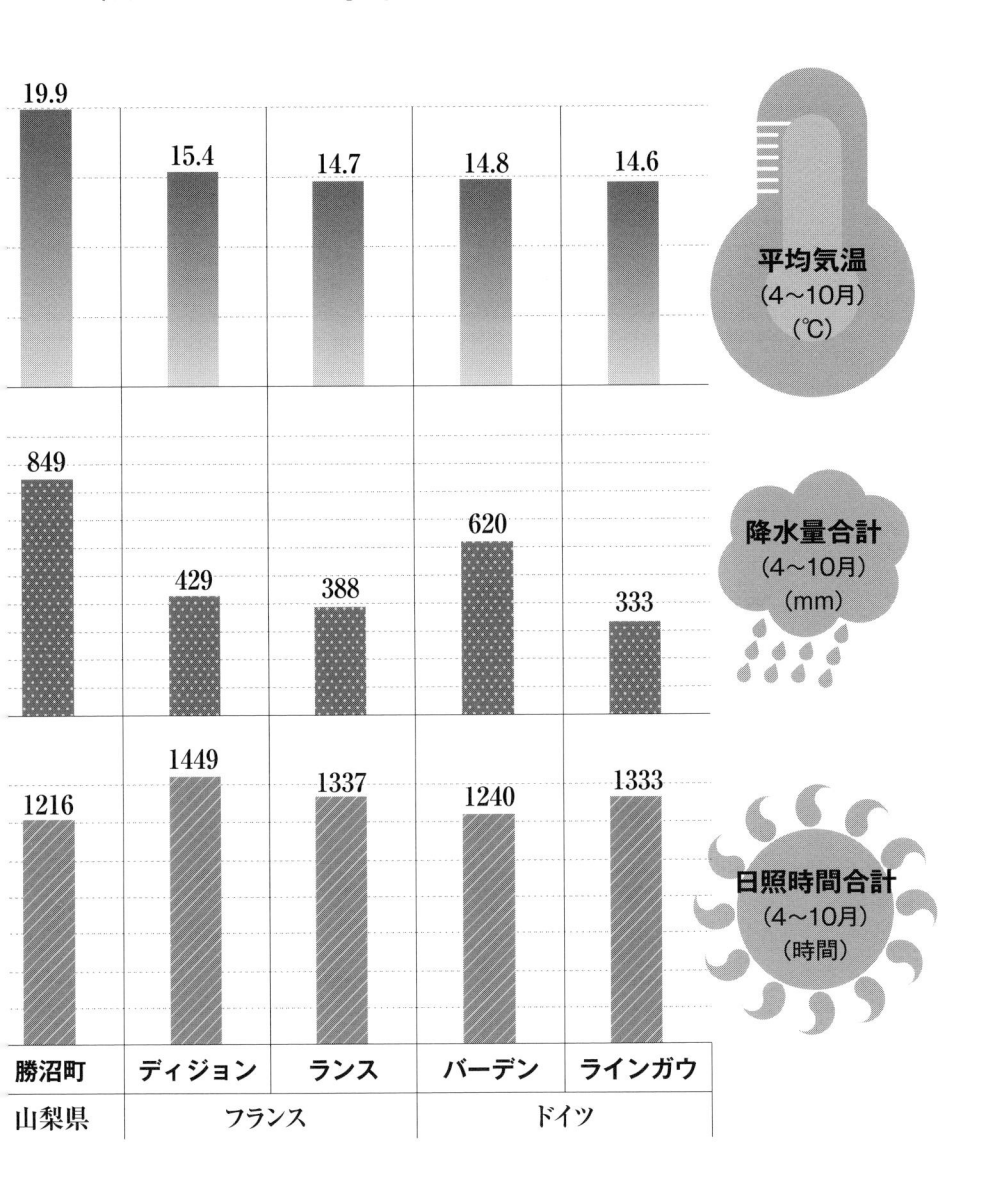

	勝沼町	ディジョン	ランス	バーデン	ラインガウ
	山梨県	フランス	フランス	ドイツ	ドイツ
平均気温 (4〜10月) (℃)	19.9	15.4	14.7	14.8	14.6
降水量合計 (4〜10月) (mm)	849	429	388	620	333
日照時間合計 (4〜10月) (時間)	1216	1449	1337	1240	1333

第3章　ブドウ畑を取り巻く自然環境　51

図8　北海道と世界の冷涼な産地

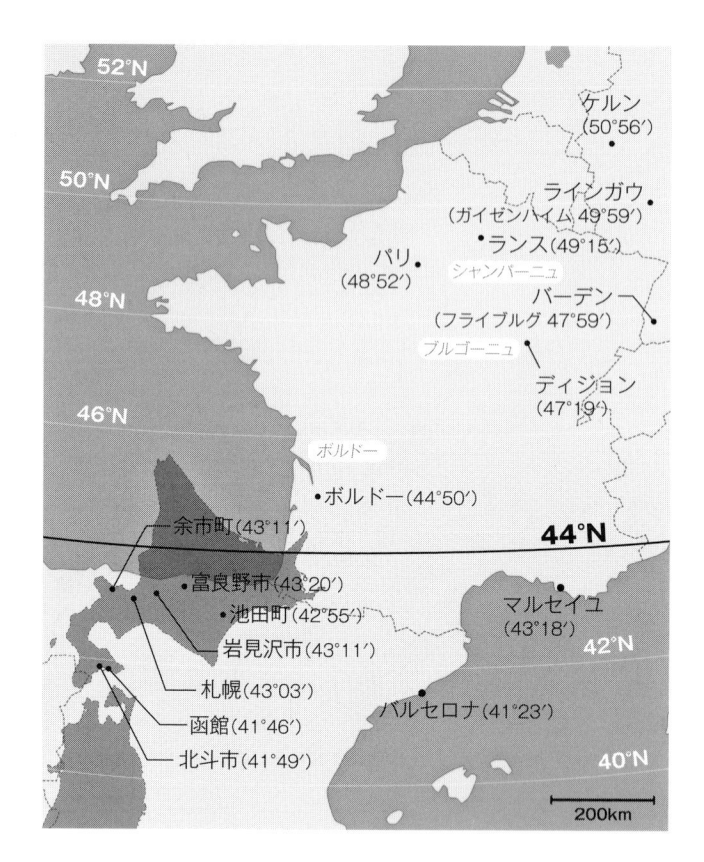

ヨーロッパと北海道を北緯44度で重ねた。P50で比較した北海道と平均気温が近いバーデンやラインガウは、北海道の最北端より北に位置している。北海道自体は、フランスの産地、ボルドー地方よりはるかに大きい。
図は北緯44度を基準に、同じ縮尺でヨーロッパと北海道の地図を重ねたもの。（　）内は北緯。

有効積算温度

　植物の果実の糖度と関連があるといわれている有効積算温度（**図9**）を見ると、北海道の5つの市町はいずれもアメリン＆ウィンクラーの有効積算温度において最も冷涼な地域の区分である「Region Ⅰ」に属している。山形県の高畠町、山梨県の甲州市勝沼町に比べると有効積算温度がかなり低い。

　Region Ⅰに該当する産地には、フランスのシャンパーニュ地方、ブルゴーニュ地方のシャブリ、ニュージーランドのマールボロ、イタリアのフリウリ地方、オーストラリアのタスマニアがある。推奨される品種には、ピノ・ノワール、リースリング、ゲヴュルツトラミネール、シャルドネ、ピノ・グリが挙げられている。

有効積算温度とは？

有効積算温度は、それぞれの土地の気候特性を、ブドウ栽培という視点から見て評価して区分けする指標の一つ。アメリン＆ウィンクラーが提唱した計算方法（1944年）と、ヒューリンが提唱した手法（1978年）がある。

　前者はブドウの生育期間とされる4〜10月の平均気温が10℃以上の日について、平均気温から10を引いた値を出し、それらを全部合算した値を有効積算温度としている。アメリン＆ウィンクラーは、この値によって各地域を5つの区分（Region Ⅰ〜Ⅴ）に分類している。

　ただし最近ではヒューリンが提唱したように、緯度を考慮して修正した積算温度に加えて、夜温、土の湿り気具合も合わせて区分けする手法も用いられている。

図9　有効積算温度

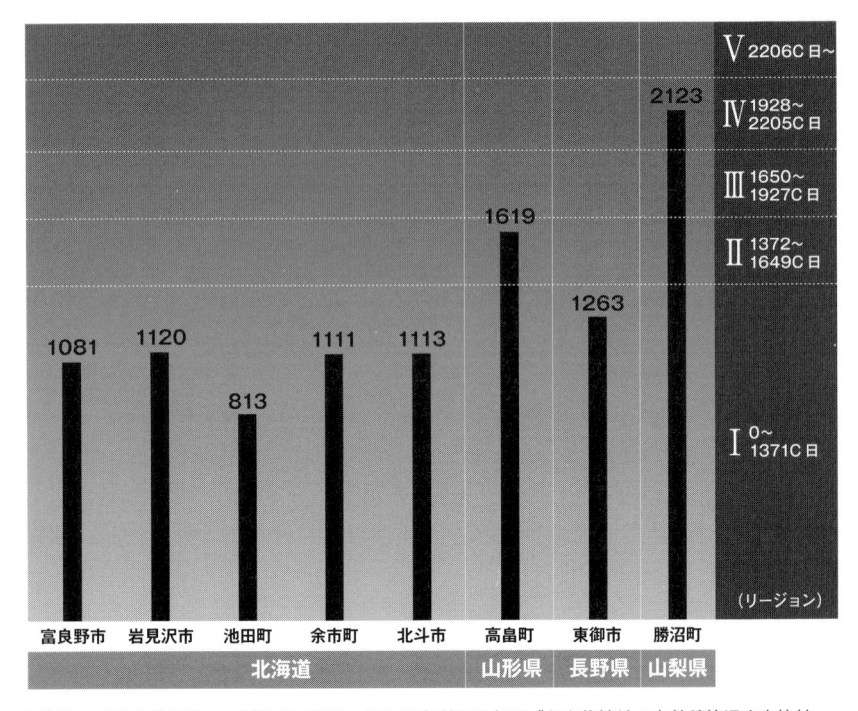

```
                                                      Ⅴ 2206C日〜
                                              2123
                                                      Ⅳ 1928〜
                                                        2205C日

                                                      Ⅲ 1650〜
                                                        1927C日
                                       1619
                                                      Ⅱ 1372〜
                                                        1649C日
                                              1263
   1081  1120          1111  1113
              813

                                                      Ⅰ 0〜
                                                        1371C日

                                                      (リージョン)
   富良野市 岩見沢市 池田町 余市町 北斗市 高畠町 東御市 勝沼町
   ─────── 北海道 ───────  山形県 長野県 山梨県
```

北海道のブドウ栽培地と山形県や長野県、そして山梨県の主要ブドウ栽培地の有効積算温度を比較。
出典：気象庁のアメダスの平年値のデータを元に算出

　図10を見ると、空知（岩見沢市）は、フランスのランス、ドイツのケルンとほぼ同じ有効積算温度の値を示している。しかし**図11**の将来予測値のように、このまま気温が上昇すると、空知地域は、数十年後には「Region Ⅱ」のカテゴリーに移行することが予想される。そうなると、適正品種もソーヴィニヨン・ブランなどに変わってくる可能性がある。

　とはいえ、当然のことながら、有効積算温度だけで収穫できるブドウの品質、適正品種を推定することは危険である。例えば、有効積算温度の値としては、北斗市は岩見沢市より低い。しかし、冬季の積雪は格段に少なく、寒さが北海道のほかの地域ほどは厳しくない。実際にブドウを育てる環境としては、道内で最も温暖とみなされている。

54　第3章　ブドウ畑を取り巻く自然環境

図10　アメリン&ウィンクラー（1944）の有効積算温度に基づく地帯区分

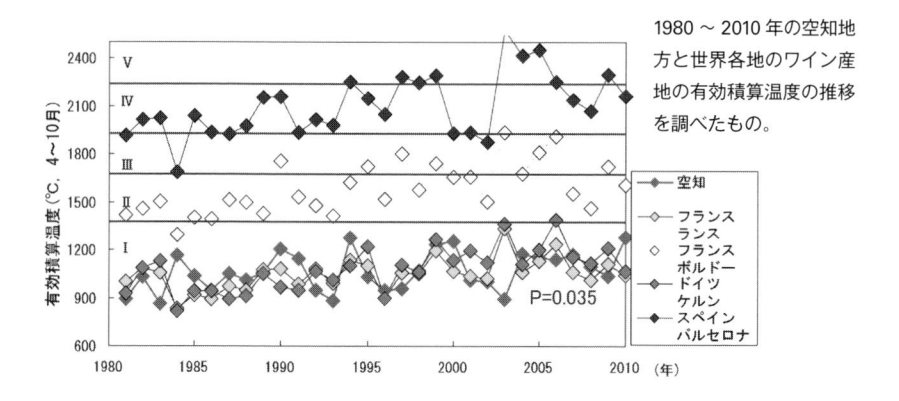

1980～2010年の空知地方と世界各地のワイン産地の有効積算温度の推移を調べたもの。

図11　空知地域（岩見沢市）の地帯区分の将来予測

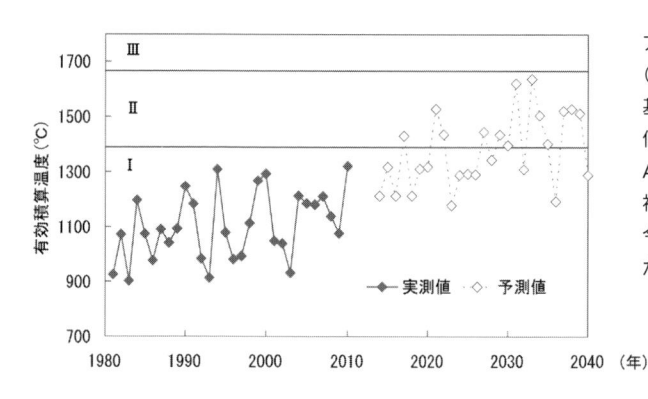

アメリン&ウィンクラー（1944）の有効積算温度に基づき、気象の将来予測値（MIROC3.2-HIRES, A1Bシナリオ、バイアス補正CDF法）を利用し、今後の気候変化を見据えた地帯区分の将来予測。

Region区分とブドウ品種
Ⅰ　ピノ・ノワール、ヨハニスベルク・リースリング、ゲヴュルツトラミネール、シャルドネなど
Ⅱ　カベルネ・ソーヴィニヨン、メルロ、ソーヴィニヨン・ブラン、ジンファンデル、シャルドネ、セミヨンなど
Ⅲ　ジンファンデル、シラー、サンジョヴェーゼなど
Ⅳ　バルベーラ、カリニャン、グルナッシュなど
Ⅴ　カリニャン、グルナッシュなど

出典：図10、図11ともに『空知地域のヴィンヤードを取り巻く気象・土壌環境』株式会社ズコーシャ 丹羽勝久 2014年農業気象学会発表。（Winkler, A.J., 1962. General Viticulture. University of California, Berkeley, より作成）

地質

　地理・地勢の項目で述べたように、北海道には島の中央を南北に走る天塩山地〜夕張山地、北見山地〜日高山脈の大きな二つの山脈があり、それらに対応して、地質構造は西部、中央部、東部の三つに区分される（**図12**）。

　こうした地質の違いは、北海道の成り立ちを反映している。北海道は、4000万年前、オホーツクプレートとユーラシアプレートが衝突したことで生まれた。つまりオホーツクプレートに載っていた今の北海道東部と、ユーラシアプレートに載っていた今の北海道中西部が合体したものが北海道となった（プレートは、地球の表面を覆っている厚く固い岩盤で、地球内部の力などでゆっくり動いている）。

　特に西部や中央部に見られる第四紀の地質は、地形同様、こうした地殻変動だけでなく、緯度が高いゆえの寒冷な気候と火山の爆発の影響を強く受けている。

3つの区分の地質

　西部は、天塩山地〜夕張山地の山脈の西側で、基本的には本州の東北地方の地質の延長になっている。中生代ジュラ紀の複合した地質体と中生代白亜紀の花崗岩からなる古い岩体を、新生代新第三紀以降の火山岩や火砕岩を含む新しい堆積岩が覆っている。

図12　北海道地質構造区分図

北海道は地質からみて西部、中央部、東部の3つに分かれる。

出典:『アーバンクボタ No.24』株式会社クボタ発行より作成

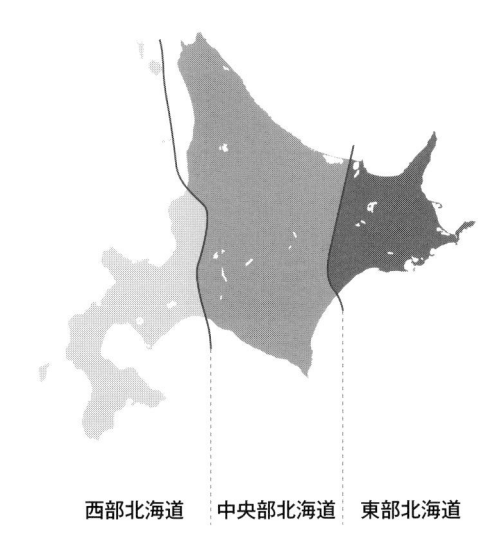

西部北海道　中央部北海道　東部北海道

図13　地質年代表

地層（地質）を区分して、それぞれの地質が生成された時期を相対的な時間で記した表。地質についての研究が進むにつれて、区分も変化している。

出典:『理科年表』平成27年第88冊、国立天文台編（丸善出版株式会社）より作成

（単位：百万年）

累代	代	紀	
顕生代	新生代	第四紀	2.6
		新第三紀	23
		古第三紀	66
	中生代	白亜紀	145
		ジュラ紀	200
		三畳紀	251
	古生代	二畳紀	299
		石炭紀	359
		デボン紀	416
		シルル紀	444
		オルドビス紀	488
		カンブリア紀	542
原生代	先カンブリア時代		2500
始生代			4000
冥王代			4600

第3章　ブドウ畑を取り巻く自然環境

中央部は、天塩山地～夕張山地の山脈（樺戸三山辺りでは、境界線は同三山の東の縁を通る）と、北見山地～日高山脈のすぐ東側、およびオホーツク総合振興局管内の北見市（旧常呂町で2006年に北見市に合併）から十勝川河口を結ぶ線の間に当たる。二つのプレートがぶつかって地殻変動が盛んに起こった一帯に当たるため、地質は複雑に入り組んでおり、中生代の地層に蛇紋岩が貫入している。十勝地方は、ほぼこの中部に含まれる。
　東部のうち根室半島一帯には、白亜紀の堆積岩が分布し、釧路地域には石炭層を挟む古第三紀の堆積岩が分布する。

土壌

　北海道の土壌は、全体としては**火山性土**、**泥炭土**、および**灰色台地土**の割合が高い。日本全国の火山性土の土地の約25％、泥炭土の土地の約40％、灰色台地土の土地の50％以上が北海道にある。
　火山性土は、火山灰が降り積もり風化して出来上がった土壌だが、もともとの火山の特徴、降り積もった年代、風化の程度に応じて多様である。腐植化が進んで水はけのいい黒ボク土から、まだ未熟で保肥力、保水性に劣る火山放出物未熟土などが含まれる。灰色台地土は「重粘土」という別名のとおり、粘性が強く水はけが悪い。泥炭土も同様の特徴を持つ。

地質と土壌の基礎知識

　「**地質**」や「**土壌**」という言葉を目にすることは多い。この二つの言葉の意味は、土壌がどのような過程で生成されたかを知ると理解しやすい。

　岩石は、長い年月、風雨や太陽熱にさらされることで風化して、岩のかけらや粒になる。この岩石を「**母岩**」といい、風化した粒状の岩石を「**母材**」という。両者は物理的には異なるものの、化学的性質には違いがない。この母材が土壌の基礎となる。

　その後、母材の表層部分では、植物の遺体を供給源とする微生物や降雨などで供給される水によって、「有機物土層」ができる。また下層部分には、母材から溶け出した、鉄やアルミニウムの酸化物や粘土などが集積した「集積層」ができることもある。このような風化と土壌生成作用を経て、地質は土壌に変化する。

　母岩が風化して土壌になるのに要する時間は、気候によって変わる。また地中の母岩、母材、土壌などの層の割合も、気候の影響を受ける。

　日本での土壌の分類は、第2次世界大戦後の各種土壌事業と並行して進められた。1978（昭和53）年に**農耕地土壌分類**の第一次案が作成され、その後二度の改定が進み、現在は1994年に「第3次改訂版（24分類）」が出ている。

　一方、国際基準といえる分類法もある。土壌には砂、シルト、粘土など、いろいろな大きさの粒子が含まれており、それぞれがどのくらい含まれているかで分類する方法だ。これを「**三角図法**」（12分類）という（図15参照）。

図14　土壌群区分のフローダイアグラム

土壌　異質土壌物質が 35cm 以上盛土

上記以外 | 有機質土壌が表層 50cm 以内に積算して 25cm 以上 | 泥炭層
　　　　|　　　　　　　　　　　　　　　　　　　　　　　| 上記以外（黒泥層）

上記以外 | 漂白層 / 腐植または鉄集積層の層序をもつ
　　　　| 上記以外 | 土性が S または LS の砂丘堆積物
　　　　|　　　　 | 上記以外 | Pab<1500 の未風化火山放出物が表層 50cm 以内に 25cm 以上
　　　　|　　　　 |　　　　 | 上記以外（＊1）

（＊1）表層 50cm 以内に 25cm 以上の Pab ≧ 1500 の層をもつ | 地表下 50cm 以内にグライ層または有機質土壌
　　　　　　　　　　　　　　　　　　　　　　　　　　　　| 上記以外 | 地表下 50cm 以内に斑鉄層の上端
　　　　　　　　　　　　　　　　　　　　　　　　　　　　|　　　　 | 上記以外 | 有機物≧ 10％かつ明度 / 彩度 1.7/1、2/1、2/2 以外の表層土を持つ
　　　　　　　　　　　　　　　　　　　　　　　　　　　　|　　　　 |　　　　 | 上記以外 | 次表層の Y1 ≧ 5
　　　　　　　　　　　　　　　　　　　　　　　　　　　　|　　　　 |　　　　 |　　　　 | 上記以外

上記以外（＊2）

（＊2）沖積堆積物が表層 50cm 以内に 25cm 以上 | 鉄集積層または地表下 50cm 以深に及ぶ灰色化層
　　　　　　　　　　　　　　　　　　　　　　| 上記以外 | 地表下 50cm 以内に地下水グライ層の上端
　　　　　　　　　　　　　　　　　　　　　　|　　　　 | 上記以外 | 地表下 50cm 以内に斑鉄層の上端
　　　　　　　　　　　　　　　　　　　　　　|　　　　 |　　　　 | 上記以外 | 斑鉄をもたず母材のままの色を呈する
　　　　　　　　　　　　　　　　　　　　　　|　　　　 |　　　　 |　　　　 | 上記以外

上記以外（山地・丘陵地・台地） | 地表下 50cm 以内にグライ層の上端
　　　　　　　　　　　　　　　 | 上記以外 | 地表下 50cm 以内に灰色で斑紋をもつ層の上端
　　　　　　　　　　　　　　　 |　　　　 | 上記以外 | ①地表下 30cm 以内から岩盤または
②地表下 30cm 以内から礫層で 60cm 以内から岩盤
　　　　　　　　　　　　　　　 |　　　　 |　　　　 | 上記以外 | ①地表下 30cm 以内から礫層、または
②未風化で母材のままの色を呈する
　　　　　　　　　　　　　　　 |　　　　 |　　　　 |　　　　 | 上記以外（＊3）

（＊3）①次表層が暗赤色または②石灰岩に由来し pH ≧ 5.5（または PBS ≧ 50％）
　　　 上記以外 | 次表層が赤色
　　　　　　　 | 上記以外 | 次表層が黄色
　　　　　　　 |　　　　 | 上記以外

土壌群の定義

01	造成土	異質土壌物質が自然に起こりえない状態で厚さ35cm以上盛り土された土壌

【有機質土壌グループ】		上記以外の土壌で、有機質土層が表層50cm以内に積算して25cm以上ある土壌
02	泥炭土	泥炭層が表層50cm以内に積算して25cm以上ある土壌
03	黒泥土	上記以外の有機質土壌（黒泥層または黒泥層と泥炭層を合わせたものが表層50cm以内に積算して25cm以上ある土壌）

04	ポドソル	上記以外の土壌で、漂白層／腐植または鉄の集積層の層序をもつ土壌
05	砂丘未熟土	上記以外の土壌で、土性が砂土または壌質砂土の砂丘堆積物
06	火山放出物未熟土	上記以外の土壌で、リン酸吸収係数 Pab < 1500 の未風化火山放出物が、表層50cm以内に25cm以上ある土壌

【黒ボク土壌グループ】		上記以外の土壌で、リン酸吸収係数 Pab ≧ 1500 の土層が、表層50cm以内に積算して25cm以上ある土壌
07	黒ボクグライ土	地表下50cm以内にグライ層または有機質土層の上端が現れる土壌
08	多湿黒ボク土	上記以外の黒ボク土壌で、地表下50cm以内に斑鉄層または灰色で斑紋をもつ層の上端が現れる土壌
09	森林黒ボク土	上記以外の黒ボク土壌で、有機物含量 OM ≧ 10%以上、かつ明度／彩度が 1.7/1、2/1、2/2 以外の表層土をもつ土壌
10	非アロフェン質黒ボク土	上記以外の黒ボク土壌で、リン酸吸収係数 Pab ≧ 1500 の次表層の交換酸度 Y1 ≧ 5 の土壌
11	黒ボク土	上記以外の黒ボク土壌

【低地土壌グループ】		上記以外の土壌で、沖積堆積物が表層50cm以内に積算して25cm以上ある土壌
12	低地水田土	鉄集積層をもつか、灰色化層の下端が地表から50cmより深に及んでいる土壌
13	グライ低地土	上記以外の低地土壌で、地表下50cm以内に地下水グライ層の上端が現れる土壌
14	灰色低地土	上記以外の低地土壌で、地表下50cm以内に斑鉄層の上端が現れる土壌
15	未熟低地土	上記以外の低地土壌で、斑紋をもたず、未風化で母材のままの色を呈する土壌
16	褐色低地土	上記以外の低地土壌

【陸成土壌グループ】		上記以外の土壌で、山地・丘陵地・台地に分布する陸成土壌
17	グライ台地土	地表下50cm以内に一年を通じて消失しない厚さ10cm以上のグライ層の上端が現れる土壌
18	灰色台地土	上記以外の陸成土壌で、地表下50cm以内に灰色で斑紋をもつ層の上端が現れる土壌
19	岩屑土	上記以外の陸成土壌で、①地表下30cm以内から岩盤が現れるか、②地表下30cm以内から礫層が現れ、かつ60cm以内に岩盤に移行する残積性土壌
20	陸成未熟土	上記以外の陸成土壌で、①地表下30cm以内から礫層が現れるか、②未風化で母材のままの色を呈する未熟な土壌
21	暗赤色土	上記以外の陸成土壌で、①次表層が暗赤色を呈するか、②石灰岩に由来し次表層のすべての亜層位で pH（H2O）≧ 5.5 または塩基飽和度 PBS ≧ 50%の土壌
22	赤色土	上記以外の陸成土壌で、次表層が赤色の土壌
23	黄色土	上記以外の陸成土壌で、次表層が黄色の土壌
24	褐色森林土	上記以外の陸成土壌

出典：農業環境技術研究所資料第17号『農耕地土壌分類　第3次改訂版』（農耕地土壌分類委員会　農林水産省　農業技術研究所　平成7年3月）より引用し一覧を作成。

図15　三角図法

粒の大きさで呼び名が変わる

大	礫（れき）	2mm 以上
↑	粗砂	0.2　〜 2mm 未満
	細砂	0.02 〜 0.2mm 未満
↓	シルト	0.002 〜 0.02mm 未満
小	粘土	0.002mm 未満

国際基準「三角図法」では土壌は12種類に分けられる

HC	重埴土	SiCL	シルト質埴壌土
SC	砂質埴土	SL	砂壌土
LiC	軽埴土	L	壌土
SiC	シルト質埴土	SiL	シルト質壌土
SCL	砂質埴壌土	LS	壌質砂土
CL	埴壌土	S	砂土

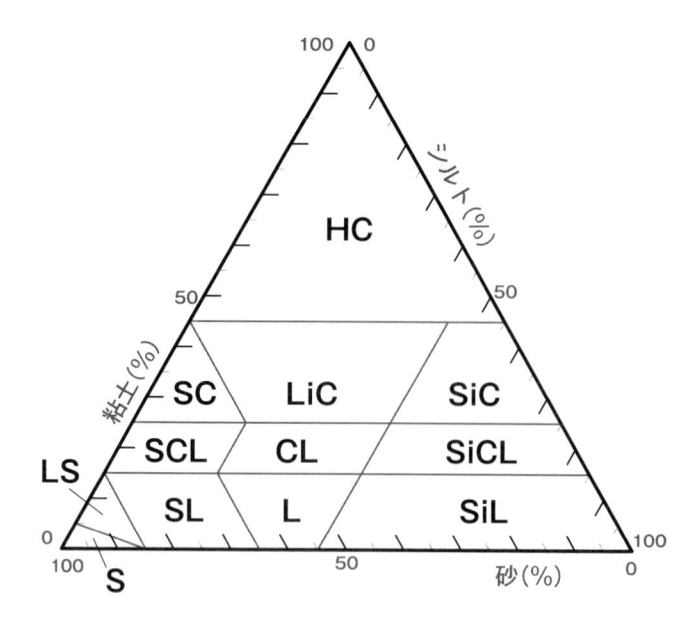

三角図の領域区分：
- 頂点付近：HC
- 中段：SC, LiC, SiC
- 中下段：SCL, CL, SiCL
- 下段：SL, L, SiL
- 左下隅：LS, S

出典：『土壌学の基礎　生成・機能・肥沃度・環境』松中照夫著（農山漁村文化協会）より筆者作成

第4章
ワイン造りとブドウ栽培地

　北海道におけるワイン用ブドウ園は、北緯44度(北端は名寄市)〜北緯41度(南端は北斗市)の間に点在する。栽培の中心は、空知地方と後志地方であり、いずれも栽培面積は100haを超える。日本でこれほどまでにワイン用のブドウ園が集中している土地はほかにはない。

上川地方
かみかわ

　北海道の北部中央、前述の2列の山並みの間には、北の頓別平野から、名寄盆地、上川盆地、富良野盆地と平たんな低地帯が続く。これらの低地帯は地殻変動によって形成されたもので、「北海道中央凹地帯」と呼ばれている。この北海道中央凹地帯から頓別平野を除いた三つの盆地一帯が上川地方に当たる。ワイン用ブドウが栽培されているのは名寄市、剣淵町、東川町、美瑛町、上富良野町、中富良野町、富良野市、南富良野町）になる。またブドウ栽培の北限の地は、かつては池田町ブドウ・ブドウ酒研究所の契約農家がいた士別市だったが、2015年時点では栽培していない。現在は、さらに北の名寄市が北限で、ワイン造りを目指した農家が小公子などを育てている。

【富良野盆地】

地理・地勢と地質

　富良野盆地は低地帯の南端に位置しており、東側は大雪・十勝岳山系、西側は夕張山地に囲まれている。盆地の中心部を南北に空知川が流れており、この川に支流が流れ込んでいる。内陸性の気候で寒暖差が大きい。また北海道でもとりわけ雨が少ない。盆地と周辺の山地は地質分類では中部に含まれ

富良野盆地の東斜面に広がる市営のブドウ園の秋の光景。正面には雪を抱いた十勝連峰が連なる。

ており、地殻変動で引き起こされた断層活動で形成された。さらに十勝岳の火山活動によって火山灰が堆積し溶結凝灰岩の地層となった。そしてその上に第四紀更新世の堆積物が層をなしている。

ブドウ園の立地と土壌

　富良野市におけるワイン用ブドウの栽培面積は約50ha（市営のブドウ園が20ha、約30軒の契約農家のブドウ園の合計が約30ha）。ブドウ園は標高190m弱〜200mに位置しており、主に富良野盆地の西側にある緩やかな東斜面に広がっている。眼下には富良野盆地、その向こうには十勝連峰の美しい稜線が望める。また一部の畑は盆地南部の山部方面にある。
　土壌は全般的には、砂壌土または埴壌土を中心に、一部、溶結凝灰岩や大きめの岩石を含み、おおむね水はけはいい。土壌分類では**礫質褐色低地土**。山部方面の畑の土壌には、芦別岳から崩れ流れた礫が多く含まれる。

ワイン造りの歴史

　富良野盆地では、戦後はジャガイモ、ニンジンなどの畑作が盛んだった。しかし70年代になって農家の収入の安定化のために、農産加工物を求めて、市が中心になってブドウ栽培、ワイン造りに取り組みだした。市は市営のブドウ園を開園するとともに、苗木を農家に配ってブドウ栽培を依頼した。つまり当初からワインを造るためにブドウ栽培が始まったの

第4章　ワイン造りとブドウ栽培地

富良野市ぶどう果樹研究所では、自社で交配した耐寒性のある「ふらの2号」で、日本では珍しいアイスワインを造っている。樹に付けたまま、ブドウの実が凍るまでならせておくのだが、落葉後、雪が積もるとブドウの房が一際目立つ。そのため鳥たちからブドウを守ろうとネットを掛けている。

だ。そして1972（昭和47）年、富良野市が経営母体となってワイナリー、富良野市ぶどう果樹研究所が設立されている。

品種

品種はミュラー・トゥルガウ、ケルナー、バッカス、ツヴァイゲルト、ふらの2号などが取り組まれている。またここは日本でも数少ない、アイスワインが造られている土地でもある。

【名寄盆地・上川盆地】

名寄盆地では2011年からブドウ栽培（品種は小公子とバッカス）が取り組まれており、この地が日本におけるワイン用ブドウ栽培の北限になる。

同盆地で名寄市から南西に下った剣淵町には、池田町ブドウ・ブドウ酒研究所の契約農家の畑が3haほどあり、比較的耐寒性のある清見のほか、セイオロサム、ナイアガラ、キャンベル・アーリーなどが栽培されている。

剣淵町と富良野市の中間あたりに位置する東川町は、上川盆地に位置しており、東部は大雪山国立公園の山岳地帯になっている。この町では1992年、特産品づくりのためにブドウ栽培が始まった。畑は盆地の東端に位置しており、品種はセイベル13053。2013年、前述の10Rワイナリーへの委託醸造によって東川町産ワインが造られている。

上川地方のワイナリー&ヴィンヤード

※掲載は北〜南の順
※日本ワインの年間生産本数は750mℓ換算、2014年実績
※ヴィンヤードは酒販免許取得のブドウ園を掲載

ワイナリー

富良野市ぶどう果樹研究所
ふらのしぶどうかじゅけんきゅうじょ

【社名】富良野市ぶどう果樹研究所
【ワインのブランド名】ふらのワイン

- 所在地　富良野市清水山
- TEL　0167-22-3242
- 会社設立　1972年（醸造開始 1972年）
- ■日本ワインの年間生産本数　28万8000本
- ■自社畑の総面積 50ha　■畑の標高 187〜200m

今の北海道のワイン産業の基盤が出来た頃に設立。経営は富良野市。富良野産のブドウのみで富良野の土地らしいワインを造ることを目指す。道内最北端のワイナリー。道内では減少傾向にあるセイベルで手頃な価格帯のワインを造っており、ミディアムボディの「バレル ふらの 赤」はその代表作。

バレル ふらの

ヴィンヤード

東川町（栽培管理：東川振興公社）
ひがしかわちょう（ひがしかわしんこうこうしゃ）

【社名】株式会社東川振興公社
【ワインのブランド名】kitoushi

- 所在地　上川郡東川町西5号北44番地
- TEL　0166-82-2632
- 会社設立　1980年（初ヴィンテージ 2013年）
- ■日本ワインの年間生産本数　2820本
- ■自社畑の総面積 1.8ha　■畑の標高 220〜240m

1992年、果樹の特産品づくりのため、セイベル13053を植栽。一時停滞していたが、2013年より町主導で新たな区画にもブドウを植えて活性化を促す。2014年には東川町産ブドウ100%の「キトウシ 2013」を初リリース（委託先は10Rワイナリー）。軽やかで飲み心地の良いワイン。今後は生産量増加予定。

キトウシ

多田農園
ただのうえん

【社名】有限会社 多田農園
【ワインのブランド名】多田ワイン

- 所在地　空知郡上富良野町東9線北18号
- TEL　0167-45-5935
- 会社設立　1999年（初ヴィンテージ 2010年）
- ■日本ワインの年間生産本数　4000本
- ■自社畑の総面積 1.5ha　■畑の標高 220〜230m

1901年に入植。ニンジンなどの作物に加えて、ワイン用ブドウの栽培を2007年に開始（品種はピノ・ノワール）。初ヴィンテージは2010年。委託先は岩見沢市の宝水ワイナリーと10Rワイナリー。ワイナリー設立を計画中。ワインはほかにメルロ、シャルドネ。ボリューム感のあるシャルドネはおすすめ。

シャルドネ

第4章　ワイン造りとブドウ栽培地　67

空知地方
そらち

空知地方
- 沼田町
- 深川市
- 歌志内市
- 浦臼町
- 三笠市
- 岩見沢市
- 長沼町

札幌●

　空知地方は、北海道の中央部より、やや西方に位置する広大な内陸地帯で、石狩平野の端に当たる。東側には夕張山地、西側には樺戸三山が連なり、夕張山地を隔てたさらに東側には富良野盆地がある。中央には南北に石狩川が流れており、川の両岸一帯は広々とした低地になっている。また石狩川に流れ込む支流の流域も平たんな低地だが、その周辺は丘陵地帯になっている。

　北海道庁の2013（平成25）年度の「ぶどう用途別仕向実績調査」では、空知地方のワイン用ブドウの栽培面積は125.8ha、収穫量は270.8tと後志地方に次ぐ。

　同地方においてワイン用ブドウが栽培されているのは、北端の**深川市**、**沼田町**、少し南に下った**歌志内市**（うたしない）（2015年時点、ブドウ園は休耕）と川の右岸の**浦臼町**、また南部の**三笠市**、**岩見沢市**、**長沼町**である。

地質

　空知地方の地質は、地質構造の区分としては中央部になるが、西部と中央部の境界線が樺戸三山の東の縁にあり、境界部には両側の要素が入り組んでいる。新第三紀〜第四紀の火山性の堆積岩（火山灰や軽石）が多い。ただし空知地方内でもブドウ園の位置によって状況が異なっている。

北海道ワインの自社管理農園、鶴沼ワイナリーは1974（昭和49）年に開園。2015年時点で植栽面積は78ha（敷地面積は447ha）と日本最大。画像は、ブドウ園の西部に位置する「知志の園」で、1987（昭和62）年に拓かれた区画。

ブドウ園の立地と土壌

　空知地方のブドウ園は、おおむね丘陵地（台地）に拓かれている。土壌の状況は畑により微妙に異なる。軽埴土もしくは粘土や、重埴土に分類される灰色台地土が主体になっている。灰色台地土は、一般に水はけが悪い。

　こうした土壌に畑を拓いた生産者の中には、積極的に下草を生やして、草の根によって水はけの改善を試みている人も多い。土壌内の微生物層や植物層に変化が生まれると、ブドウの生育状況も大きく異なってくる。また造成によって、本来は地中深くにある岩盤が地下の浅いところに存在するようになり、土壌が複雑に多様化したケースもある。

品種

　各ワイナリーによって取り組む品種が異なり、全体の傾向は定まっていないが、2015年時点で収穫量が多いのは、ピノ・ブラン（ヴァイスブルグンダー）、バッカス、シャルドネになる。78haの植栽面積を持つ北海道ワインの鶴沼ワイナリーでは、約30種類の品種が栽培されている。

　2000年以降、開園されたブドウ園では、白はケルナー、ソーヴィニヨン・ブラン、ピノ・ブラン、ピノ・グリ、シャルドネなど、赤はピノ・ノワール、レンベルガーが取り組まれている。ただし、近年ケルナーは減少傾向にある。

YAMAZAKI WINERY の畑の貝化石の土壌。本来は地中深くにあったものが造成によって、地下30cmから産出する（写真提供：YAMAZAKI WINERY）。

ワイン造りの歴史

　空知地方でワイン用ブドウの栽培が始まったのは1974 (昭和49) 年。ヨーロッパ系品種に限れば、栽培の歴史は北海道の中で最も長い。

　その歴史は北海道ワインがドイツからブドウを輸入して、浦臼町の11haのブドウ園で栽培に取り組みだしたことに端を発している。この畑は3年後には60haに達し、90年代には100haに拡大し、これが今の鶴沼ワイナリーの畑となった。また北端の深川市には、道内では鶴沼ワイナリーに次いで古い垣根式の畑がある。

　ワイン用ブドウの栽培面積は、北海道のみならず、日本でも有数の広さを誇る空知地方だが、2002年に至るまでワイナリーは1軒もなかった（鶴沼ワイナリーは、ブドウ園のみで現在醸造施設はない）。

三笠山の西には標高143.8mほどの低い山があり、アイヌ語の「頂の円い山」を意味する「タプコプ」から取り、達布山（たっぷやま）と称している。この山の近くに畑を持つKONDOヴィンヤードは、この山のアイヌ名のタプコプを畑に冠し、さらにワイン名にも使っている。

【三笠市と岩見沢市】

　ブドウ園の開園やワイナリーの設立が活発な三笠市、岩見沢一帯は、主に幾春別川（いくしゅんべつ）や幌向川（ほろむい）が西へ流れる流域の丘陵地帯でブドウが栽培されている。

　ちなみに「三笠市」という名前は、市内の三笠小学校の裏山の形状が奈良県の三笠山（今は若草山）に似ていることから、周辺の住民に三笠山の名前で親しまれていたことに由来する（観音像を建立してからは、観音山とも呼ばれる）。1906（明治39）年には、その名を村名にしたという。

　一方、岩見沢の地名は、アイヌ由来の地名が多い北海道において、珍しく和名である。かつて開拓使が、この一帯の開拓に当たる人たちのために休泊所を設けたが、この地が憩いの場所として「浴澤」（ゆあみさわ）と称していたのが変化して、岩見沢と呼ばれるようになったといわれている。

　三笠市では「農業生産法人 有限会社みかさワイナリー」（北海道ワインの関連会社）により1991年にワイン用ブドウの栽培が開始した。三笠市に2002年にYAMAZAKI WINERYが設立されたあとは、岩見沢市に2006年に宝水ワイナリー、2011年に10Rワイナリーが、さらに2013年にTAKIZAWA WINERYが設立されて、現在は両市のワイナリーは合わせて4軒になった。また岩見沢市に隣接する長沼町には、2006年に家族経営のマオイワイナリーが設立されている。

　YAMAZAKI WINERYは小麦農家だった山﨑和幸さんが立ち上げたワイ

ナリーで、現在は息子の亮一さんと太地さんがそれぞれ醸造、栽培を担当して造りに当たる。YAMAZAKI WINERYとTAKIZAWA WINERYがある一帯には、ブドウ園が集まっている。宝水ワイナリーは宝水町の農家が設立し、栽培醸造家の石塚創さんがワイン造りに取り組んでいる。

　一方、10Rワイナリーは、日本でもかなり異色の存在である。同ワイナリーを設立したのはアメリカ人のブルース・ガットラヴさん。日本で唯一のアメリカ人が経営・運営するワイナリーで、かつ委託醸造を目的としたワイナリーである。いずれの点においても日本初なのはいうまでもない。設立直後に比べて、委託量は増加して、総生産量は年間50万本を超えた。ただし、委託を受けるブドウは、道内産に限定している。

委託醸造でワインを造るヴィンヤード

　岩見沢市栗沢町にあるナカザワヴィンヤードの開園は2002年。中澤一行さん、由紀子さん夫妻が自園のブドウから委託醸造でワインを造り、販売を続けており、ワイン自体の知名度も高い。一方、近藤良介さんは2007年にKONDOヴィンヤードを設立、岩見沢市と三笠市の両市にブドウ園を営み将来ワイナリー設立を目指している。

　ワイン用ブドウの畑は、その後も少しずつ増えており、今後もワイナリーが増えていく可能性を持っている。

空知地方のワイナリー&ヴィンヤード

※掲載は北~南の順
※日本ワインの年間生産本数は750ml換算、2014年実績
※ヴィンヤードは酒販免許取得のブドウ園を掲載

ワイナリー

たきざわわいなりー
TAKIZAWA WINERY

【社名】有限会社グリーンテーブル
【ワインのブランド名】TAKIZAWA WINE

- 所在地 三笠市川内841-24
- TEL 01267-2-6755
- 会社設立 2001年(醸造開始 2013年)
- ■日本ワインの年間生産本数 1万8000本
- ■自社畑の総面積 3ha ■畑の標高 80~100m

北海道在住の滝沢信夫さんが、2006年にブドウ園を開園し、2008年より収穫開始。2013年にワイナリー設立に至る。緩やかな南向き斜面に一枚続きの畑。自社農園で栽培中のピノ・ノワールやソーヴィニヨン・ブラン、シャルドネに加えて、余市町から「旅路」などアメリカ系の品種を購入している。

ソーヴィニヨン・ブラン

やまざきわいなりー
YAMAZAKI WINERY

【社名】有限会社山﨑ワイナリー
【ワインのブランド名】YAMAZAKI

- 所在地 三笠市達布791-22
- TEL 01267-4-4410
- 会社設立 2002年(醸造開始 2002年)
- ■日本ワインの年間生産本数 3万6000本
- ■自社畑の総面積 9ha ■畑の標高 100m

小麦農家が立ち上げた家族経営のワイナリー。日本で数少ない自社畑産のヨーロッパ系品種のみでワインを造るドメーヌ。創業者の父に代わって、二人の息子たちが栽培と醸造の要となっている。着々と自社畑を拡大。シャルドネを中心とした白とピノ・ノワールを中心とした赤のワイン造りを実践。

シャルドネ樽醗酵

ほうすいわいなりー
宝水ワイナリー

【社名】株式会社宝水ワイナリー
【ワインのブランド名】RICCA

- 所在地 岩見沢市宝水町364-3
- TEL 0126-20-1810
- 会社設立 2006年(醸造開始 2006年)
- ■日本ワインの年間生産本数 3~5万本
- ■自社畑の総面積 9.6ha ■畑の標高 50~80m

空知地方では、2番目に設立されたワイナリー。岩見沢市の補助事業として宝水町内の農家が立ち上げた組合が前身。ヨーロッパ系品種を自社畑で栽培。畑を徐々に拡大し、2015年時点、総生産量3~5万本のうち約2万本を自社畑産が占める。残りは岩見沢市と余市町から生食用ブドウを購入。

RICCA 雪の系譜 レンベルガー

とあーるわいなりー
10Rワイナリー

【社名】合同会社10R
【ワインのブランド名】上幌ワイン

- 所在地 岩見沢市栗沢町上幌1123-10
- TEL 0126-33-2770
- 会社設立 2012年(醸造開始 2012年)
- ■日本ワインの年間生産本数 約3万本
- ■自社畑の総面積 1.4ha ■畑の標高 100m

日本初の委託醸造が主たる目的のワイナリー。設立は、栃木県にあるココ・ファーム・ワイナリーの取締役でもあるアメリカ人のブルース・ガットラヴさん。2015年時点で13軒の顧客から委託を受けている。彼の手により今までにない品質の北海道産ワインが誕生。彼自身のブランドは「上幌ワイン」である。

上幌ワイン 森

第4章 ワイン造りとブドウ栽培地 73

ワイナリー

マオイワイナリー

【社名】有限会社 マオイワイナリー
【ワインのブランド名】菜根荘ワイン

- 所在地 夕張郡長沼町字加賀団体
- TEL 0123-88-3704
- 会社設立 2006年（醸造開始 2006年）
- ■日本ワインの年間生産本数 9000本
- ■自社畑の総面積 2ha ■畑の標高 100〜130m

石狩平野の東南の端にある馬追（まおい）丘陵にあるワイナリー。夫婦二人で営む家族経営の小規模ワイナリーである。設立は2006年だが、栽培は1980年代に遡る。約20種類の品種の試験栽培を試みたが、現在は、ヤマ・ソービニオンやヤマブドウを主体として9品種からワインを造っている。

菜根荘ワイン
山ソービニオン

ヴィンヤード

KONDO ヴィンヤード

【社名】KONDO ヴィンヤード
【ワインのブランド名】主に「タプ・コプ」シリーズ

- 所在地 岩見沢市栗沢町茂世丑774-2
- TEL （非公開）
- 会社設立 2007年（初ヴィンテージ 2011年）
- ■日本ワインの年間生産本数 約3200本
- ■自社畑の総面積 約3.7ha
- ■畑の標高 タプ・コプ100〜120m、モセウシ70m

家族経営の農家。2007年に三笠市のタプ・コプ農場（2ha）を、2011年に岩見沢市のモセウシ農場（1.6ha）を開園。ソーヴィニヨン・ブランとピノ・ノワールが主体。近隣の10Rワイナリーへの委託醸造で5種類のワインを醸造する。「タプ・コプ」シリーズはブランとピノ・ノワールが秀逸。ワイナリー設立を目指している。

タプ・コプ ブラン

ナカザワヴィンヤード

- 所在地 岩見沢市栗沢町加茂川140
- TEL 0126-45-2102
- 事業開始 2002年（初ヴィンテージ 2006年）
- ■日本ワインの年間生産本数 4800本
- ■自社畑の総面積 2.7ha ■畑の標高 50m

自ら育てたブドウを委託醸造でワインにして販売する代表的な農園。白用品種をブレンドした「クリサワ・ブラン」の2006年ヴィンテージがリリース後、一躍その名が知られるようになった。委託先は近隣の10Rワイナリー。品種はピノ・グリ、ゲヴュルツトラミネール、ケルナー、シルヴァーナーなど白用品種が多い。

クリサワ・ブラン

十勝地方
とかち

　北海道の南東部には、南北100km、東西50kmに及ぶ広大な十勝平野がある。十勝平野は、約100万年前までは海だったが、日高山脈の地殻変動などを受けて、湿地を経て陸地化し形成された。西側には日高山脈、北には石狩山地、東側は白糠丘陵に囲まれ、南は太平洋に面している。平野部は十勝川、札内川、音更川によって、扇状地や河岸段丘が形成されている。

　ブドウ栽培が行われている**池田町**は、同平野の東部に位置しており、町の中央には十勝川の支流である利別川が流れる。十勝川に利別川が流れ込む利別一帯は、利別川の氾濫原[*1]である。

*1　氾濫原：流れの遅い川が氾濫してできた平たんな土地。

【池田町】

地質

　十勝地方は、地質区分のほぼ中央部と東部の境界に位置している。地質は複雑に入り組んでいるが、ブドウ園がある場所の地質は、第四紀更新世の堆積物である。十勝川沿いには、河岸段丘が形成されている。

第4章　ワイン造りとブドウ栽培地　75

ブドウ園の立地と土壌

　現在、同地方には池田町ブドウ・ブドウ酒研究所の自社管理農園があるが、ブドウ園は千代田地区の二つの畑と清見地区の三カ所に分かれている。
　いずれも砂を多く含んだ土壌で、砂土、砂壌土、砂質埴壌土を主体とし、一部には礫を含んだ土や腐植に富んだ火山灰土もみられる。土壌分類では、千代田地区の畑が中粗粒褐色低地土で、清見地区が表層腐植質黒ボク土になる。これらの土壌は水はけが良い。

品種

　十勝地方は北海道のワイン用ブドウを栽培している土地の中では、最も冷涼な気候下にある。そのため、この地方で取り組まれている品種は、池田町ブドウ・ブドウ酒研究所が開発した耐寒性のある山ブドウ系の流れを引くものが多い。これらの品種の中には、冬季、土の中に埋めなくとも越冬できるものもある。日本でも数少ない、アイスワインが造られている。

ワイン造りの歴史

　十勝地方は昭和20年代後半、自然災害が続き、新たな産業を求めてブドウ栽培とワイン造りが始まった。1963（昭和38）年には、池田町が果実酒類試験製造免許を取得し、国内初の自治体経営によるワイン醸造を開始した。

池田町ブドウ・ブドウ酒研究所の千代田地区に二つある自社農園の一つ。十勝川に隣接した緩やかな南斜面で、日当たりは十分。
(写真提供：池田町ブドウ・ブドウ酒研究所)

　これが池田町ブドウ・ブドウ酒研究所の前身になった。

　その後、同ワイナリーでは、寒さに耐久性のある品種の改良、栽培方法の検討を続け、今では35 haの広大なブドウ園を営むようになっている（正確には町営）。ただし十勝地方のその他の地域では、冬季は最低気温が零下14℃を下回るほど寒さが厳しく、その後、設立されたワイナリーはない。

十勝地方のワイナリー

※日本ワインの年間生産本数は 750mℓ換算、2014年実績

ワイナリー

いけだちょうぶどう・ぶどうしゅけんきゅうじょ
池田町ブドウ・ブドウ酒研究所

【ワインのブランド名】十勝ワイン

- 所在地　中川郡池田町字清見83-3
- TEL　015-572-2467
- 事業所（自治体）設立　1964年（醸造開始 1963年）
- 日本ワインの年間生産本数　39万4000本
- 自社畑の総面積 35ha　　畑の標高30m（25〜55m）

北海道で最も長い歴史をもつワイナリー。池田町の町長だった丸谷金保さんが、ヤマブドウを使ったブドウ栽培とワイン造りによって、十勝平野一帯の農業振興を図ろうとしたことが設立のきっかけ。セイベル種を元に交配育種にも力を入れて、耐寒性のある独自のブドウ品種も開発している。

十勝ワイン
清見（きよみ）

後志地方
しりべし

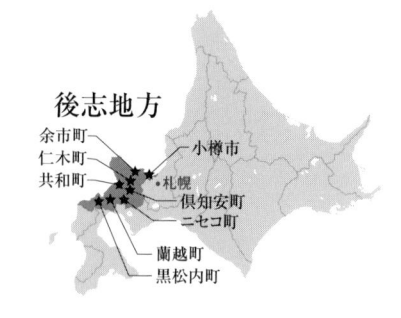

　後志地方は、北海道の南西部に位置しており、江戸時代は西蝦夷地に属する地域だった。北部〜西部は日本海に、東部は石狩地方に接している。南部は西胆振地方に接する。「しりべし」という名が書物に初めて登場するのは『日本書紀』である。

　北海道庁が実施した、2013（平成25）年度の「ぶどう用途別仕向実績調査」によると、後志地方のワイン用ブドウの栽培面積は133.6ha、収穫量は795.9tといずれも道内トップ。栽培面積は同年初めて空知地方を抜き、収穫量は空知地方の倍以上になる。同調査では「加工専用品種」（本書におけるワイン用ブドウ）と「生食用品種」の二つのカテゴリーに分けて集計しているが、実際には、デラウェアやナイアガラのように、生食用に分類されていてもワインの原料となっている品種もある。これらの品種でワイン原料になっている分を含めると、ワイン用に使われているブドウの量はさらに大きくなる。

　後志地方の北部は余市町、仁木町を中心に道内有数の果樹生産地帯である。ワイン用ブドウの栽培地としては、北海道の中でも、最もブドウ栽培およびワイン造りが活発な**余市町**、そして余市町に隣接し、最近ワイン用ブドウの栽培面積が拡大する兆しのある**仁木町**、北海道ワインの契約農家がある**小樽市**、**共和町**と**倶知安町**、2014年にワイナリーが設立された**蘭越町**、同年「ニセコ町ワイン特区」として認められたばかりの**ニセコ町**、酪農が盛んな**黒松内町**が挙げられる。

蘭越町「松原農園」の畑。粘土質で、雪解け時や秋には、するすると竹がさせるほど柔らかく、干ばつ時はバリバリにひびが入るという。河川由来の固く丸い石が、畑を幾筋か縞（しま）状に縦断していることから、暴れ川が一帯を流れていたと栽培醸造責任者の松原研二さんは考えている。

地理・地勢と地質

　複数の火山性の山岳丘陵地帯があり、地形は複雑である。また河川の規模が小さく、ほかの地方に見られるような広い平野や盆地、あるいは広大な低地帯がないのも特徴だ。地質区分では西部になり、新第三紀〜第四紀の火山性の溶岩や堆積岩が多い。余市町の地質は、丘陵地か平地部かによって異なるが、基本的には、第四紀更新世、完新世の海中で形成された堆積岩類や、新第三紀中新世の火山岩類（安山岩、玄武岩類）が多い。

ブドウ園の立地と土壌

　土壌は後志地方内でも多様である。褐色低地土、褐色森林土が多いが、一部、灰色台地土もある。ワイン用ブドウの畑が一面に広がる余市町登（のぼり）地区の一般的な土壌の土性は、表土は埴壌土が、下層は埴土が主体で、やや風化した小さな丸い礫を含む。大きな丸い礫を含む畑もある。波状になった傾斜地が多く、比較的水はけが良い。土壌分類では細粒褐色森林土が多い。

品種

　ケルナーが最も多く、全体の約4割を占め、次いでツヴァイゲルト、ミュラー・トゥルガウ、ピノ・ノワール、バッカスが続く。近年ピノ・ノワールの増加が顕著で、この傾向は今後も続くと思われる。

第4章　ワイン造りとブドウ栽培地　79

登地区では垣根仕立てのブドウ園がうねりのある丘陵地帯に広がる。写真のように斜面が向き合っている場所もある。2015年、Domaine Atsushi Suzukiを設立した鈴木淳之さんのブドウ園。

【余市町】

　後志地方にあってブドウ栽培からワイン醸造まで一貫したワイン造りが行われる「ワイン産地」に発展していく可能性を持っているのが余市町だ。

　栽培面積も、農家の数も、ともに増加傾向で、2015年のデータでは、余市町のワイン用ブドウの栽培面積は118haで、同町の果樹畑765haの15％を占めている(耕地面積は1007ha)。またワイン用ブドウの農家は39軒で、さらに増加しそうだ。ちなみに生食用ブドウも含めた後志地方のブドウの栽培面積は612ha。ワイン用ブドウの栽培面積は133.6haで余市町のワイン用ブドウの栽培面積は約80％を占めている。全体の栽培面積自体は1995年をピークに減少傾向が続いている。

　また余市町には、日本ではほとんど見られない、ワイン用ブドウの栽培のみで生計を立てている栽培農家が10軒以上ある。こうした栽培農家1軒当たりのブドウ園の面積は、本州のそれよりはるかに広く、なかには10haを超えるブドウ園を営む人もいる。ワイン用ブドウを手掛ける農家の平均年齢は2015年時点で54歳と若く、彼らは新しい品種への取り組みにも意欲的である。北海道産のワインがここまで注目されるようになったのには、彼らが果たしてきた役割も大きい。

地理・地勢

　余市町の一部と仁木町は、余市平野に位置する。平野は、後志地方の北端にあり、余市湾に流れ込む余市川が運んだ土砂によって形成された沖積平野である。余市平野は平野の南部に当たる仁木町から海に向かって、逆三角形の形状をしている。平野の周辺には、丘陵や台地が広がっており、余市川右岸の余市町登地区、左岸の余市町美園地区などが、これに当たる。言い換えれば、余市町は余市平野と、その東部と西部に続く丘陵地からなる。ブドウ園は、このなだらかな台地を中心に広がっている（一部、海岸砂丘でもブドウは栽培されている）。一方、南部の仁木町は余市川が形成した扇状地を中心に果樹栽培が盛んである。

ブドウ栽培の歴史

　余市町でブドウ栽培が本格的に始まったのは、1921（大正10）年頃からで、当初はナイアガラ、デラウェア、キャンベル・アーリーなど、生食用ブドウの栽培が中心だった。1980年代になると、ドイツから持ち込んだヨーロッパ系品種（ドイツ系品種）の本格的な取り組みが始まった。中でもケルナーは、道立中央農業試験場が1981（昭和56）年に選んだ推奨品種には選ばれなかったものの、ニッカウヰスキー、サッポロワインが注力した結果、現在、余市町どころか、日本全体でも主要なワイン用ブドウとなっている。

ワイン造りの歴史

　余市町でワイン造りが始まったのは1972（昭和47）年。日本清酒が余市清酒工場における試験醸造の免許を取ったのだ。1974年には正式の醸造免許を取得して余市ワインがスタートする。

　さらに1985（昭和60）年、ニッカウヰスキーが余市産のブドウで試験醸造を行いワイン事業に乗り出している（果実酒・甘味果実酒の製造免許自体は1937年に取得済み）。ニッカでは、創業者、竹鶴政孝の自宅である竹鶴亭の畑1haに約30種類のブドウの試験栽培をしたが、ピノ・ノワール、カベルネ・ソーヴィニヨン、シャルドネはいずれも熟さなかったという。

　ちなみに栽培については、1983（昭和58）年にサッポロワインが試験栽培を、1985（昭和60）年にニッカウヰスキーが余市町農協と契約を結び、植栽を始めている。そして北方系の品種として選ばれたのが、ミュラー・トゥルガウ、ケルナー、ツヴァイゲルトで、とりわけ前の2品種は、ドイツのガイゼンハイム大学の教授が、そのワインを絶賛したという記録が残る。遅摘みのケルナーは糖度が23度まで上がったそうだ。しかし販売は思うように伸びず、ニッカによる北海道におけるワイン事業は途絶えた。

　その後2010年までは、余市町のワイナリーは余市ワインのみだったが、同年のDomaine Takahiko（ドメーヌ タカヒコ）の設立や、2011年の余市町の「北のフルーツ王国よいちワイン特区」[*2]としての認定を契機に、再び活気

自社畑で作業をするDomaine Takahikoの曽我貴彦さん。曽我さんは、余市の土壌にも注目する。「登地区には地元の人が『赤土』という土壌があり、登川右岸にあるブドウ園の多くはこの土壌の土地に拓かれています。この地層は小樽市西部まで続いている。こうしたエリアは余市のテロワールとして重要だと考えています」

を帯びだした。2013年には、OcciGabi Winery（オチガビワイナリー）とリタファーム＆ワイナリーが、2014年には登醸造が、2015年春にはDomaine Atsushi Suzuki（ドメーヌ アツシ スズキ）が設立された。また、北海道ワインの出資を受けた平川敦雄さんが平川ファームを2014年に開園、2015年10月にワイナリーを設立した。

　Domaine Takahikoを設立した曽我貴彦さんは長野県出身。小布施町にある小布施ワイナリーを営む曽我家に生まれ、栃木県のココ・ファーム・ワイナリーを経て、独立した。ピノ・ノワールのワインを造ろうと約50カ所の候補の中から余市を選んだ。同ワイナリーのピノ・ノワールのワインは、多くのワインファンの心をつかみ、余市町内外の人々にワイン産地としての余市町の可能性を感じさせた。OcciGabi Wineryはレストランを併設したワイナリーである。ワイナリーを立ち上げ、現在も役員を務めている落希一郎さんは、新潟のカーブドッチ ワイナリーの創設者でもある。リタファーム＆ワイナリーは耕作放棄地を取得した菅原誠人さん・由利子さん夫妻が設立、また登醸造とDomaine Atsushi Suzukiは特区制度を利用して、小西史明さんと鈴木淳之さんがそれぞれ設立した。

＊2　「北のフルーツ王国よいちワイン特区」：構造改革特区。ワインを造るためには果実酒製造免許を取得する必要があり、そのためには1年間で6kℓの果実酒の生産が可能なことが要件として定められている。しかし、特区に認定されれば、その生産量が2kℓに軽減される。

【仁木町】

　余市町に隣接する仁木町の水はけの良い扇状地では、ブドウのみならず、サクランボ、リンゴなどの果樹の栽培が盛んである。2009年には同町初のベリーベリーファーム＆ワイナリー仁木（経営母体は株式会社自然農園グループ）がワイン造りをスタートしている。さらにワイン用ブドウの取り組みが増加する兆しがある。新就農者などが新たに栽培を始めるケースに加えて、異業種の企業が参入する兆しもある。今後、ブドウ園とワイナリーが集積するワイン産地として発展していきそうだ。

【蘭越町、ニセコ町、黒松内町】

　そのほか同地方では、蘭越町、ニセコ町、黒松内低地帯の黒松内町など、小さな盆地にブドウ園が点在している。

　蘭越町においては、長年にわたり松原研二さんが北海道ワインに委託醸造を依頼してミュラー・トゥルガウからワインを造り、「松原農園」として販売してきたが、2014年に自らの醸造場を立ち上げた。またニセコ町は、同年、ワイン特区に認定されている。

後志地方のワイナリー&ヴィンヤード

※掲載は北～南の順
※日本ワインの年間生産本数は750mℓ換算、2014年実績
※ヴィンヤードは酒販免許取得のブドウ園を掲載

ワイナリー

平川ワイナリー
ひらかわわいなりー

【社名】株式会社平川ワイナリー
【ワインのブランド名】平川ワイン

- 所在地 余市郡余市町沢町201番地
- TEL 非公開
- 会社設立 2015年（醸造開始2015年）
- ■日本ワインの年間生産本数 1万本（2015年）
- ■自社畑の総面積 5ha ■畑の標高 30～40m

日本でただ一人というフランス国家認定の農業技術士の資格を持つ平川敦雄さんのワイナリー。平川さんはフランス各地、南アフリカなど様々な土地でのブドウ栽培、ワイン醸造を経験。余市のブドウ園を引き継ぎ、2014年に平川ファームとしてスタート。2015年には園内にワイナリーも設立。大幅に改植していく。

ケルナー
レジェールモン・ドゥー

登醸造
のぼりじょうぞう

【社名】登醸造
【ワインのブランド名】登醸造

- 所在地 余市郡余市町登町718
- mail konishif@noborijozo.com
- 会社設立 2011年（醸造開始2014年）
- ■日本ワインの年間生産本数 250本（2015年）
- ■自社畑の総面積 1.9ha ■畑の標高 20～40m

ワイン用ブドウ農家として、栃木県のココ・ファーム・ワイナリーにブドウを販売して、生計を立てる傍ら、ワイン特区を利用して自社農園で収穫できるブドウ（ツヴァイゲルト）の約2割のブドウでワインを造っている。品種はほかにケルナーを栽培。下草の除草目的で羊を飼っている。

※ラベルはまだない。
（2015年現在）

OcciGabi Winery
おちがび わいなりー

【社名】株式会社OcciGabi Winery
【ワインのブランド名】OcciGabi

- 所在地 余市郡余市町山田町635
- TEL 0135-48-6163
- 会社設立 2012年（醸造開始2013年）
- ■日本ワインの年間生産本数 4万5000本
- ■自社畑の総面積 6ha ■畑の標高 40m

仁木町との境界近くの余市町に2012年に設立。レストランやショップを併設したワインツーリズムのための設備やイベントが用意されている。A-FIVEのファンドを活用した事業としても注目されている。新潟県のカーブドッチ ワイナリーを立ち上げた落希一郎さんが設立に参画。

ツヴァイゲルトレーベ・ロゼ

余市ワイン
よいちわいん

【社名】余市葡萄酒醸造所（日本清酒株式会社）
【ワインのブランド名】余市ワイン

- 所在地 余市郡余市町黒川町1318
- TEL 0135-23-2184
- 会社設立 1928年（醸造開始 1974年）
- ■日本ワインの年間生産本数 約9万6000本
- ■自社畑の総面積 約8ha ■畑の標高 20～50m

前身は日本清酒の余市清酒工場である。1972年に試験醸造を開始して、その3年後に醸造をスタート。余市町どころか北海道におけるワイン造りという意味でも先駆者的存在。2011～2013年にワイナリーをリニューアルオープン。敷地内にはレストラン、カフェ、ショップが整っている。

樽熟ツヴァイゲルトレーベ

第4章 ワイン造りとブドウ栽培地　85

ワイナリー

Domaine Takahiko
どめーぬ たかひこ

【社名】ドメーヌタカヒコ
【ワインのブランド名】ナナ・ツ・モリ

- 所在地 余市郡余市町登町1395
- TEL 0135-22-6752
- 会社設立 2010年（醸造開始 2010年）
- 日本ワインの年間生産本数 1万3000本
- 自社畑の総面積 4.5ha ■ 畑の標高 50～60m

2010年に長野県小布施町出身の曽我貴彦さんが立ち上げた極小規模ワイナリー。自社畑で栽培するのはピノ・ノワールのみ。自社畑のブドウで造られた「ナナ・ツ・モリ」は、日本におけるピノ・ノワールの可能性を示している。彼のワインは、北海道のみならず日本ワイン人気の牽引役となっている。

ナナ・ツ・モリ ピノ ノワール

Domaine Atsushi Suzuki
どめーぬ あつし すずき

【社名】Domaine Atsushi Suzuki
【ワインのブランド名】Acchi Rouge

- 所在地 余市郡余市町登町1731
- TEL （非公開）
- 会社設立 2014年（醸造開始 2015年）
- 日本ワインの年間生産本数 4000本（2015年）
- 自社畑の総面積 5.6ha ■ 畑の標高 60～80m

道内出身の鈴木淳之さんが登地区の畑を譲り受けて2014年に就農、2015年にワイナリーを設立した。修業先はDomaine Takahiko。ブドウの8割をそのまま販売、残り（ツヴァイゲルトとミュラー・トゥルガウ）を仕込む。今後はシャルドネを増やす予定。2013年のツヴァイゲルトは極めて個性的だが抜群の魅力。

アッチ・ルージュ

リタファーム＆ワイナリー

【社名】RITA FARM&WINERY
【ワインのブランド名】風のヴィンヤード

- 所在地 余市郡余市町登町1824
- TEL 0135-23-8805
- 会社設立 1998年（醸造開始 2013年）
- 日本ワインの年間生産本数 1万8000本
- 自社畑の総面積 3ha ■ 畑の標高 40～60m

夫婦二人で営むワイナリー。2010年に植栽、ワイナリー設立は2013年。栽培は二人で行い、醸造は妻の菅原由利子さんが、営業は夫の菅原誠人さんが担当。余市町の緩やかな南斜面と西斜面の3haの畑で育てているのはソーヴィニヨン・ブラン、メルロなど7品種。ほかにアメリカ系品種を購入してワインを造る。

ピノ・ノワール

ベリーベリーファーム＆ワイナリー仁木
べりーべりーふぁーむ＆わいなりーにき

【社名】株式会社自然農園グループ
【ワインのブランド名】ORGANIC WINE

- 所在地 余市郡仁木町東町13-49
- TEL 0135-32-3020
- 会社設立 2008年（醸造開始 2009年）
- 日本ワインの年間生産本数 4000本
- 自社畑の総面積 30ha ■ 畑の標高 20～40m

仁木町にある果樹園に併設されたワイナリー。2000年に果樹園を拓き、2009年に醸造を開始。13種類もの果樹の栽培面積は合計30ha。ブドウだけでなく、ほかの作物についても有機農法に積極的に取り組み、農産物とその加工品を販売。日本で初めて、畑とワイン両方での有機認証を取得。

オーガニックワイン

北海道ワイン
ほっかいどうわいん

【社名】北海道ワイン株式会社
【ワインのブランド名】おたる、鶴沼、北海道 など

- 所在地 小樽市朝里川温泉1-130
- TEL 0134-34-2181
- 会社設立 1974年（醸造開始 1979年）
- 日本ワインの年間生産本数 267万本
- 自社畑の総面積 447ha ■ 畑の標高 53～124m

北海道のワイン産業の第2の黎明期に設立された。日本ワインの生産量は日本一。日本最大の自社農園、鶴沼ワイナリーを浦臼町にもつほか、余市町の農家を主体として道内の300軒の契約農家からブドウを購入。手ごろな価格のワインを提供し、日本ワインの消費を支えている。

鶴沼ピノ・ブラン

ワイナリー

まつばらのうえん
松原農園

【社名】松原農園
【ワインのブランド名】松原農園 ミュラー・トゥルガウ

- 所在地 磯谷郡蘭越町字上里151-8
- TEL 0136-57-5758
- 会社設立 1994年（醸造開始 2014年）
- 日本ワインの年間生産本数 8500本
- 自社畑の総面積 1.2ha ■ 畑の標高 200m

18年間、北海道ワインへの委託醸造を続けてきたが、2014年に自身のワイナリーを設立。ミュラー・トゥルガウとほんのわずかのゲヴュルツトラミネール、そしてアスパラガスを栽培。フレッシュな果実味がストレートに伝わってくるワインは、北海道のミュラー・トゥルガウの魅力を伝えてくれる。

松原農園ミュラー・トゥルガウ

ヴィンヤード

なかいのうえん
中井農園

- 所在地 余市郡余市町登町1383番地
- TEL 0135-22-2565
- 自社畑の総面積 5ha ■ 畑の標高 60m

余市湾とシリパ岬を望む、すり鉢状の斜面に拓かれた果樹園で、開園は大正時代。当初はリンゴのみを栽培していたが、余市町でワイン用ブドウの栽培が始まったころ、その栽培に着手。道内の6軒のワイナリーにブドウを出荷。2012年にワインの販売を開始。筆者のおすすめは「NAKAIケルナー」。

NAKAIケルナー

余市町では余市川の両岸にブドウ畑が広がっている。画像は左岸の畑。ワイン用ブドウは基本的に垣根仕立てで育てられている。

第4章 ワイン造りとブドウ栽培地 87

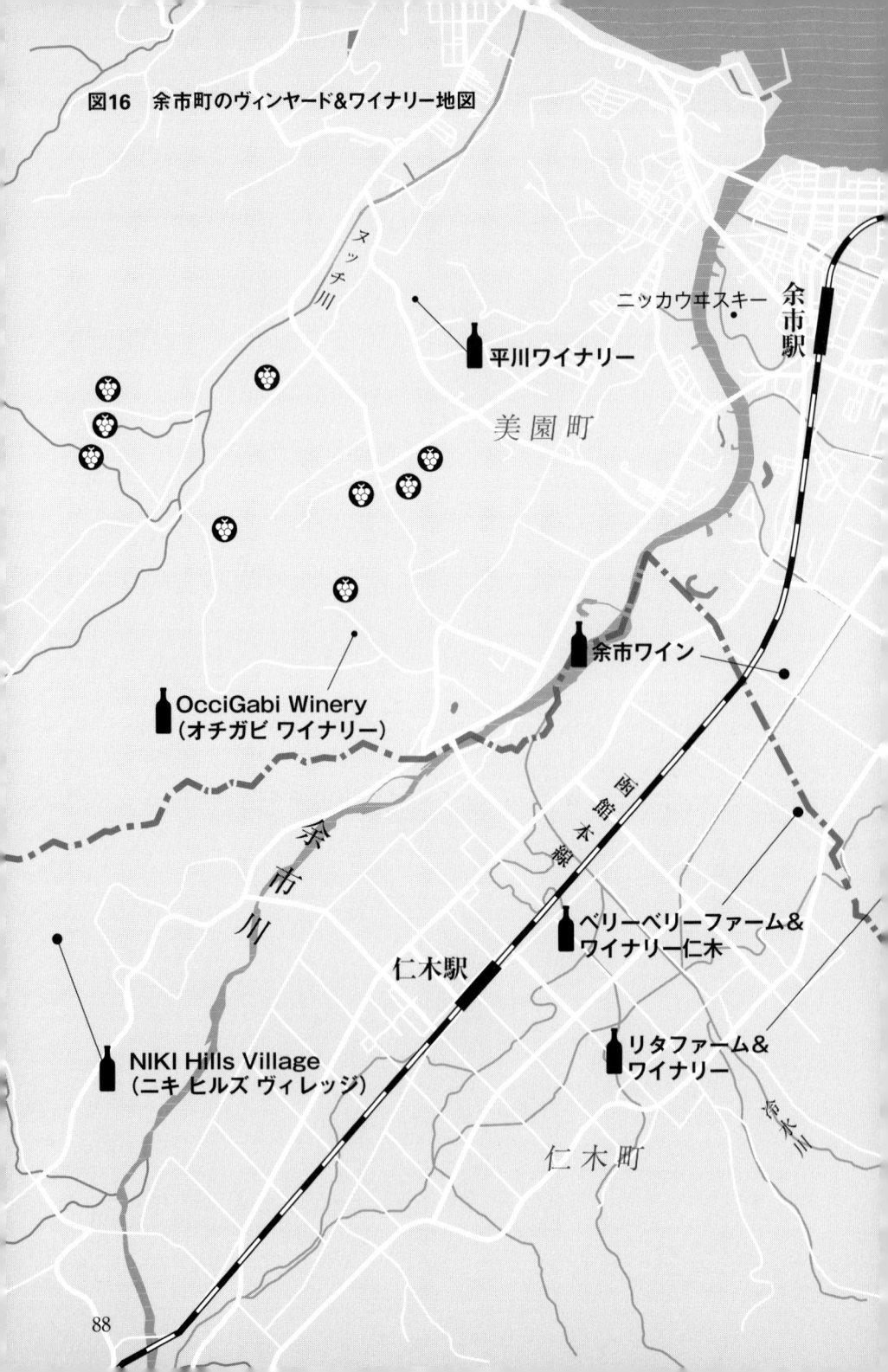

図16　余市町のヴィンヤード&ワイナリー地図

平川ワイナリー

ニッカウヰスキー

余市駅

美園町

余市ワイン

函館本線

OcciGabi Winery
（オチガビ ワイナリー）

余市川

仁木駅

ベリーベリーファーム&
ワイナリー仁木

リタファーム&
ワイナリー

NIKI Hills Village
（ニキ ヒルズ ヴィレッジ）

仁木町

88

余市湾

函館本線

蘭島駅

大谷地貝塚

登川

登醸造

余市町

奔部川

Domaine Takahiko
（ドメーヌ タカヒコ）

中井農園

登町

Domaine Atsushi Suzuki
（ドメーヌ アツシ スズキ）

N
500m

…ヴィンヤード
…ワイナリー

89

檜山地方と渡島地方(道南)

檜山地方の「檜山」は、一帯に「ヒノキアスナロ」がうっそうと茂っていたことに由来する。ヒノキアスナロは材質がヒノキに似ていたため、一帯は檜木山、檜山と呼ばれるようになったという。

渡島地方の「渡島」という言葉は、和人の移住が始まった頃、津軽海峡を渡ってくる人を、「ワタリトウ(渡党)」、「ワタリシマ(渡島)」、「コシノワタリシマ(越渡島)」と呼んでいたところから、「オシマ(渡島)」の名が始まったといわれている。ちなみに明治の初めに使われていた「渡島国(おしまのくに)」には、檜山地方の南部と渡島地方が含まれる。

現在、ワイン用ブドウが栽培されているのは、**乙部町**、**厚沢部町**、**奥尻町**(檜山地方)、**北斗市**(渡島地方)の4ヵ所のみ。

地理・地勢と地質

檜山地方は、北海道南西部の渡島半島の日本海側に位置している。南北に長く、特に西部は平野部が少ない。一方の渡島地方は、西側は日本海、南側は津軽海峡、東側は内浦湾に接している。中央部を1000m級の渡島山系が縦断している。内浦湾は周囲に活発に活動する火山が多いため、「噴火湾」の名前でも呼ばれる。檜山地方、渡島地方ともに北上する対馬暖流の影響を受け、気候は比較的温暖。道内でも気温の高い地域である。

90　第4章　ワイン造りとブドウ栽培地

両地方とも地質区分は西部に属する。東北地方の北上山地から続く古生代石炭紀から中生代白亜紀にわたる地層を、新第三紀〜第四紀の火山岩類や堆積岩類が覆っている。

ブドウ園の立地と土壌

　渡島地方には、昭和に入ってからも活発に活動を続ける駒ヶ岳、渡島大島(おしまおお しま)、恵山(えさん)などの火山があり、噴火にともなう火山性放出物からなる未熟土が多い。とりわけ駒ヶ岳周辺には南北に長い範囲に多く分布している。この土壌は腐植粘土をほとんど含まず、保水性、保湿性が低い。檜山地方については、日本海に流れ込む川の流域は肥沃である。

品種

　有効積算温度こそ、空知地方より低いのだが、対馬暖流の影響を受けているために寒暖の差は北海道の中では比較的少なく、道内では最も温暖。まだブドウ園も少なく、何が適正品種なのか見極めている段階である。ちなみに農楽蔵(のらくら)の自社管理農園「文月(ふみづき)ヴィンヤード」では、栽培面積の9割以上をシャルドネが占める。

南東〜南向き傾斜地に広がる農楽蔵の文月ヴィンヤード。「斜面下部の粘土層は保水性が高く、春の降水が少ない時期でも枝が伸びますが、上部の砂質シルト層はすぐ北側が約20mの崖であることもあり、水はけがよく、樹勢が弱い。台木も変えています。重粘土が露出している部分は、乾期は地割れし、雨期は逆に水はけが悪いので、ブドウを植えていません」と栽培責任者の佐々木賢さんは言う。

ワイン造りの歴史

　道南でワイン用ブドウの栽培が試みられたのは、第2章で触れたように、北海道で最も早い。1869（明治2）年には、七重村（現在の七飯町）においてドイツ人のR．ガルトネルがヨーロッパから持ち込んだ苗木の栽培に着手している。前述のように、これが北海道におけるブドウ栽培の始まりだ。そもそも稲作、畑作、牧場など、北海道の農業の始まりが、渡島地方に端を発しているのだ。

　その後、ブドウ栽培は途絶えてしまったが、昭和初期の駒ヶ岳の噴火直後に動きがあった。1929（昭和4）年、駒ヶ岳山麓にあったブドウ農家の一つ、望月農園がヤマブドウでワインの醸造を始めたのだ。

　その醸造免許を1932（昭和7）年に七飯町にあった小原商店が取得して、地元のヤマブドウを使ったワイン造りを立ち上げた。さらに1973（昭和48）年に小原商店の果実酒醸造部門を独立させる形で、いまのはこだてわいんの前身の駒ヶ岳酒造株式会社が設立された。

　当時は七飯町に隣接する森町に1万本のブドウが栽培されており、品種はセイベル13053、セイベル9110などであった。しかし、その後収穫量が減少し、1983（昭和58）年に栽培を断念するに至る。

　その一方で、同じ時期に、将来の原料確保のために余市町の農家に苗木を配り、ワイン用ブドウの栽培を依頼した。余市町の7人の農家にピノ・ノワー

ルの苗木を配ったのも、その一環で、この時の苗木が畑で選抜されて、今も余市町で栽培が続いている。苗を配られた余市町の7人の農家は、余市におけるワイン用ブドウ栽培の先駆者となり、「7人の侍」と呼ばれていた。そのうちの一人、木村忠さんの木村農園のピノ・ノワールの栽培面積は日本で最も広い。これと並行して1976（昭和51）年より、檜山地方の乙部町にブドウ園が開園、富岡ワイナリーが立ち上げられた。
　また奥尻島（奥尻町）では、奥尻島の地域おこしの一環として、1999年にワイン用ブドウの栽培が始まり、2009年には奥尻ワイナリーが設立された。自社畑は27haに達し、ここ十数年に設立された道内のワイナリーの中では、栽培面積は屈指の広さである。
　そして、近年になって新たな動きが生まれている。2011年、30代の佐々木賢さん・佳津子さん夫妻が北斗市に畑を開園、2012年には函館市の市街に極めて小規模なワイナリー、農楽蔵を立ち上げている。

檜山地方・渡島地方のワイナリー

※掲載は北〜南の順
※日本ワインの年間生産本数は 750mℓ 換算、2014 年実績

檜山地方のワイナリー

富岡ワイナリー
とみおかわいなりー

【社名】札幌酒精工業株式会社
【ワインのブランド名】おとべワイン、遊楽部ワイン

- 所在地　乙部町字富岡 251
- TEL　011-661-1211
- 会社設立　富岡農場 1976 年（札幌酒精 2008 年）（醸造開始 1981 年）
- ■ 日本ワインの年間生産本数　2 万 5000 本
- ■ 自社畑の総面積 10ha　■ 畑の標高 80〜110m

1976 年に自社畑を拓き、その 3 年後に、醸造免許を取得した。北海道でも歴史の古いワイナリーになる。自社畑では、セイベル種、メルロ、ヤマ・ソービニオン、ヤマブドウ、ザラジェンジェ、シャルドネ、そしてリースリングを栽培している。

遊楽部（ゆうらっぷ）ワイン

奥尻ワイナリー
おくしりわいなりー

【社名】株式会社奥尻ワイナリー
【ワインのブランド名】OKUSHIRI

- 所在地　奥尻郡奥尻町字湯浜 300
- TEL　01397-3-1414
- 会社設立　2007 年（醸造開始 2008 年）
- ■ 日本ワインの年間生産本数　6 万本
- ■ 自社畑の総面積 27ha　■ 畑の標高 40〜80m

1999 年、奥尻島ブランドの確立のため、ヤマブドウの栽培を開始。2008 年に醸造免許を獲得した。自社畑ではメルロ、ピノ・ノワール、ピノ・グリ、シャルドネなどヨーロッパ系品種を中心に栽培。生産量も徐々に拡大しており、スタート時の約 5 倍になった。「OKUSHIRI」ブランドは自社畑産 100％。

OKUSHIRI ピノ・グリ

渡島地方のワイナリー

はこだてわいん

【社名】株式会社はこだてわいん
【ワインのブランド名】はこだてわいん（しばれわいん）

- 所在地　亀田郡七飯町字上藤城 11
- TEL　0138-65-8115
- 会社設立　1973 年（醸造開始 1972 年）
- ■ 日本ワインの年間生産本数　18 万 4320 本
- ■ 自社畑の総面積 0ha　■ 畑の標高 20〜70m

1929 年、駒ヶ岳山麓の農家がヤマブドウでワインを醸造したことが発端。その後さまざまな変遷を経て、はこだてわいんが設立された。名称とは異なり、現在の醸造場は七飯町にある。「北海道 100」シリーズは、北海道産のブドウのみを使用。ほかにワインに果汁をブレンドしたフルーツワインを造る。

しばれわいん

農楽蔵
のらくら

【社名】株式会社農楽

- 所在地　函館市元町 31-20
- mail　nora@nora-kura.jp
- 会社設立　2014 年（醸造開始 2012 年）
- ■ 日本ワインの年間生産本数　1 万 1500 本
- ■ 自社畑の総面積 2.5ha　■ 畑の標高 80m

フランスで栽培醸造を学び、日本での実績も積んだ佐々木賢さん・佳津子さん夫妻が設立。北斗市に自社農園を開園。栽培面積の 9 割以上がシャルドネ。乙部町産など道内農家のブドウも仕込む。北海道らしさを追求した「ノラポン・シリーズ」とオリジナリティを追求した「ノラ・シリーズ」が二本柱。

ノラ・ブラン

その他の栽培地
(留萌・網走・石狩・胆振地方)

　その他のブドウ栽培地も本島の中央部から西側に集中している。空知地方や後志地方に比べると、ブドウを育てている人の数も少ないが、その多くが北海道ワインの契約農家である。昨今の北海道のワイン造りの活発化を反映するように、これらの地方での新たな畑の開園もある。

【留萌地方】

　北海道の北西部、日本海に面した南北に長い地方で、8市町村が含まれる。ブドウ栽培の北限の地に近く、南部の**小平町**で栽培が続くのみ。町の試験圃場があったが、民間に払い下げられ、現在は札幌のさっぽろ藤野ワイナリーに委託している。北海道ワインの契約農家もいる。羽幌町には、かつて大手メーカーの契約農家もいた。

【網走地方】

　北海道の北東部に位置しており、オホーツク海に面している。冬の流氷観光でも知られる地方。3市14町1村がある。**北見市、網走市、美幌町、置戸町**に北海道ワインの契約農家がいる。

第4章　ワイン造りとブドウ栽培地　95

【石狩地方】

　北海道の中央北西部に位置しており、日本海に面している。同地方には6市1町1村があるが、現在ワイン用ブドウ畑があるのは**札幌市**のみ。札幌市では、明治初期、開拓使によって100ha以上の官園（ブドウ園）が拓かれワインが造られていたが、今は見る影もない。近年、相次いでワイナリーが設立され、ワイン用ブドウの栽培が再開。八剣山ワイナリーとさっぽろ藤野ワイナリーは、札幌市郊外に位置しており、小さいながらも自社畑を営み、面積を少しずつ拡大している。千歳市では、当初は名産のハスカップの加工所として千歳ワイナリーが設立。自社畑こそないが、1992年に余市町の農家と契約を結び、以来、同町のブドウでワインを造り続けている。

【胆振地方】

　北海道の中央南部に位置しており、太平洋に面する4市7町が含まれる。活火山の有珠山(うすざん)を擁する**洞爺湖町**(とうやこちょう)には、洞爺湖を見下ろす斜面に月浦ワイン醸造所の畑がある。ワイナリー自体は、同町内ではあるものの、畑から少し離れたところにある。ほかにも、将来のワイン造りを視野に開園されたブドウ園もある。洞爺湖町の東隣の**壮瞥町**(そうべつちょう)は、北海道の湘南地方と呼ばれるように気候は温暖。ブドウ以外の果樹栽培も取り組まれており、北海道ワインなど、ここのブドウを使ってワインを造るワイナリーもある。

石狩地方のワイナリー

※掲載は北〜南の順
※日本ワインの年間生産本数は 750mℓ換算、2014 年実績

ワイナリー

ばんけいとうげのわいなりー
ばんけい峠のワイナリー

【社名】有限会社フィールドテクノロジー研究室
【ワインのブランド名】ばんけい峠のワイン

- 所在地 札幌市中央区盤渓 201-4
- TEL 011-618-0522
- 会社設立 1992 年（醸造開始 2001 年）
- ■日本ワインの年間生産本数　8000 本
- ■自社畑の総面積 1ha　■畑の標高 300 〜 350 m

フィールドテクノロジー研究室が、農業を基盤とした産業を立ち上げようと設立したワイナリー。2001 年、シードル造りからスタートしたが、現在は自社で育てているヤマブドウやヤマ・ソービニオンに加えて、仁木町などのブドウでワインを造る。毎週末にオープンするテラスカフェを併設する。

峠の赤ワイン

はっけんざんわいなりー
八剣山ワイナリー

【社名】株式会社八剣山さっぽろ地ワイン研究所
【ワインのブランド名】Kanonz（カノンズ）

- 所在地 札幌市南区砥山 194-1
- TEL 011-596-3981
- 会社設立 2011 年（醸造開始 2011 年）
- ■日本ワインの年間生産本数　1 万 5000 本
- ■自社畑の総面積 3ha　■畑の標高 220 〜 250 m

札幌市街から車で 30 分ほどの観音岩山（通称、八剣山）の麓に位置する小規模ワイナリー。敷地内にエノキの林やビオトープを造るなど、景観を守ることにも注力。開園は 2008 年で、2011 年、2014 年に畑を拡大、ヨーロッパ系品種を中心に栽培品種は 30 種類を数える。そのためワインは混醸が多い。

カノンズ・メルロー

さっぽろふじのわいなりー
さっぽろ藤野ワイナリー

【社名】さっぽろ藤野ワイナリー株式会社
【ワインのブランド名】さっぽろ藤野ワイン

- 所在地 札幌市南区藤野 670 番地 1
- TEL 011-593-8700
- 会社設立 2015 年（醸造開始 2009 年）
- ■日本ワインの年間生産本数　1 万 6400 本
- ■自社畑の総面積 1ha　■畑の標高 210 〜 240 m

畑作業が好きな伊輿部さん兄弟が、経営するレジャー施設内でブドウを育てたのがスタート。2000 年にはワイン用ブドウの栽培に着手し、2015 年に待望の新しい醸造棟が完成。醸造担当者も加わった。買い付けブドウはすべて契約農家のもの。2015 年、新たな醸造場を建てるとともに自社畑も拡大。

キャンベル
Sans soufre
（サン・スフル）

ちとせわいなりー
千歳ワイナリー

【社名】北海道中央葡萄酒株式会社
【ワインのブランド名】北ワイン

- 所在地 千歳市高台 1-7
- TEL 0123-27-2460
- 会社設立 2011 年（醸造開始 1988 年）
- ■日本ワインの年間生産本数　1 万 5000 本
- ■自社畑の総面積 0ha

1988 年、山梨県勝沼町にある老舗ワイナリーの中央葡萄酒が、千歳市農協からの依頼を受けて、千歳産ハスカップの加工所としてスタート、2011 年に分社化した。1992 年からは、余市町の木村農園のピノ・ノワールとケルナーの契約栽培を開始した。「北ワイン」シリーズはこの 2 品種から造られる。

北ワイン
ピノ ノワール

第 4 章　ワイン造りとブドウ栽培地　97

胆振地方のワイナリー

※掲載は北〜南の順
※日本ワインの年間生産本数は 750mℓ 換算、2014 年実績

ワイナリー

つきうらわいんじょうぞうしょ
月浦ワイン醸造所

【社名】有限会社月浦ワイナリー
【ワインのブランド名】月浦ワイン

- 所在地　虻田郡洞爺湖町泉 71-4
- TEL　0142-73-2988
- 会社設立　1997 年（醸造開始 2000 年）
- ■日本ワインの年間生産本数　1 万 7000 本
- ■自社畑の総面積　5.2ha　■畑の標高　100 〜 300 ｍ

洞爺湖を見下ろす斜面に自社畑を持つ小規模ワイナリー。始まりは 1986 年、道内の臨床検査会社が試験栽培を始めたことに遡る。自社農園で育てたドルンフェルダーとミュラー・トゥルガウのみからワイン造りを行うドメーヌである。2008 年、町の中心部にショップをオープン。

月浦
ドルンフェルダー
樽熟成

栽培地一覧

　ブドウ園あるいはワイナリーがある市町村を**図17**にまとめた。この表は2014 〜 2016年の筆者の調査に基づいている。

　ただし、ワイナリー（醸造場）がある市町村に、必ずしもそのワイナリーの自社畑、自社管理農園があるとは限らない。例えば、千歳市、函館市のように、ワイナリーのみが存在している市町村もある。

　また日本の農地法の下では、会社法人の畑の所有には制限があった。2009年に農地法が改正されたものの、いまだ制約は残る。立ち上げた別会社で、ブドウ園を管理しているケースも多い。そのため、本表では土地の所有に「自社管理農園」という言葉を使っている。

　道内に点在するブドウ園で、そのブドウがワインの原料となっているところの大半が、北海道ワインの契約農家である。

図17　栽培地一覧

地方名・市町村名	ブドウ園の有無	ブドウ園の所有者&管理者 農家・農業生産法人・行政機関 畑の有無	ブドウ園の所有者&管理者 農家・農業生産法人・行政機関 備考	ブドウ園の所有者&管理者 ワイナリー 畑の有無	ブドウ園の所有者&管理者 ワイナリー 備考	ワイナリーの有無	ワイナリー名称
留萌地方							
小平町	○	○	北海道ワインの契約農家	—		—	
上川地方							
名寄市	○	○		—		—	
剣淵町	○	○	池田町ブドウ・ブドウ酒研究所の契約農家	—		—	
東川町	○	○	東川町（栽培管理：東川振興公社）	—		—	
美瑛町	○	○		—		—	
上富良野町	○	○	多田農園	—		—	
中富良野町	○	○	北海道ワインの契約農家	—		—	
富良野市	○	○		○	富良野市ぶどう果樹研究所の自社管理農園	○	富良野市ぶどう果樹研究所
南富良野町	○	○	多田農園	—		—	
網走地方							
北見市	○	○	北海道ワインの契約農家	—		—	
網走市	○	○	北海道ワインの契約農家	—		—	
美幌町	○	○	北海道ワインの契約農家	—		—	
置戸町	○	○	北海道ワインの契約農家	—		—	
空知地方							
深川市	○	○	北海道ワインの契約農家	—		—	
沼田町	○	○	北海道ワインの契約農家	—		—	
歌志内市	○	○	（2015年時点、ブドウ園は休耕）	—		—	
浦臼町	○	○	北海道ワインの契約農家	○	鶴沼ワイナリー（北海道ワインの自社管理畑の名称。ワイナリー施設はない）	—	
三笠市	○	○	KONDOヴィンヤード、miyamotoヴィンヤード、北海道ワインの契約農家 など	○	TAKIZAWA WINERYとYAMAZAKI WINERYの自社管理農園	○	TAKIZAWA WINERY YAMAZAKI WINERY
岩見沢市	○	○	KONDOヴィンヤード、ナカザワヴィンヤード、北海道ワインの契約農家 など	○	宝水ワイナリーと10Rワイナリーの自社管理農園	○	宝水ワイナリー 10Rワイナリー
長沼町	○	—		○	マオイワイナリーの自社管理農園	○	マオイワイナリー

100　第4章　ワイン造りとブドウ栽培地

地方名・市町村名	ブドウ園の有無	ブドウ園の所有者&管理者				ワイナリーの有無	ワイナリー名称
^^	^^	農家・農業生産法人・行政機関		ワイナリー		^^	^^
^^	^^	畑の有無	備考	畑の有無	備考	^^	^^
十勝地方							
池田町	○	○		○	町営農場と池田町ブドウ・ブドウ酒研究所	○	池田町ブドウ・ブドウ酒研究所
石狩地方							
札幌市	○	—		○	ばんけい峠のワイナリーと八剣山ワイナリーとさっぽろ藤野ワイナリーの自社管理農園	○	ばんけい峠のワイナリー 八剣山ワイナリー さっぽろ藤野ワイナリー
千歳市	—	—		—		○	千歳ワイナリー
後志地方							
小樽市	○	○	北海道ワインの契約農家	—		○	OSA WINERY 北海道ワイン
余市町	○	○	木村農園、藤澤農園、中井農園、弘津農園、池田町ブドウ・ブドウ酒研究所の契約農家、北海道ワインの契約農家など	○	平川ワイナリーと登醸造とOcciGabi Wineryと余市ワインとDomaine TakahikoとDomaine Atsushi Suzukiとリタファーム&ワイナリーの自社管理農園	○	平川ワイナリー 登醸造 OcciGabi Winery 余市ワイン Domaine Takahiko Domaine Atsushi Suzuki リタファーム&ワイナリー
仁木町	○	○	北海道ワインの契約農家など	○	ベリーベリーファーム&ワイナリー仁木の自社管理農園	○	ベリーベリーファーム&ワイナリー仁木 NIKI Hills Village
共和町	○	○	北海道ワインの契約農家	—		—	
倶知安町	○	○	北海道ワインの契約農家	—		—	
蘭越町	○	—		○	松原農園の自社管理農園	○	松原農園
ニセコ町	○	○	北海道ワインの契約農家	—		—	
黒松内町	○	○	北海道ワインの契約農家	—		—	
胆振地方							
洞爺湖町	○	—		○	月浦ワイン醸造所の自社管理畑	○	月浦ワイン醸造所
壮瞥町	○	○	北海道ワインの契約農家	—		—	
檜山地方							
乙部町	○	—		○	富岡ワイナリーの自社管理農園	○	富岡ワイナリー
厚沢部町	○	○		—		—	
奥尻町(奥尻島)	○	—		○	奥尻ワイナリーの自社管理農園	○	奥尻ワイナリー
渡島地方							
七飯町	—	—		—		○	はこだてわいん
北斗市	○	—		○	農楽蔵の自社管理農園	—	
函館市	—	—		—		○	農楽蔵

2015 年以降の動き

　2015 年に入って、北海道のワイン造りはますます活発化している。後志地方や空知地方でのさらなるブドウ園の開園が続くだけでなく、今まで前例のなかった土地でのワイン用ブドウの栽培が始まっている。新たなワイナリーの設立数も、ここ数年は毎年 2、3 軒で推移していたが、2015 年は一挙に 4 軒のワイナリーが設立された。本書を執筆中にも状況は目まぐるしく変化し、そうした設立情報をオンタイムでフォローするのがなかなか難しい。そのため、本書の各地域のページで掲載することができなかったワイナリーが、2 軒でてきてしまった。

　ここでは、余市町に隣接する仁木町と小樽市に設立されたその 2 軒のワイナリーを紹介する。仁木町のワイナリー、**NIKI Hills Village**（ニキ ヒルズ ヴィレッジ）は、設立母体が企業で、資本力もある。また設立にあたって「農林漁業成長産業化支援機構（A-FIVE）」を利用しており、規模は大きい。近年、北海道に設立されたワイナリーは個人経営のものが圧倒的に多かったが、今後はこうした企業の参入が増えそうだ。一方の小樽市のワイナリー、**OSA WINERY**（オサ ワイナリー）の立地は小樽の街なかである。こうした街なかワイナリーは、この 2、3 年東京や大阪でも設立が続いている。

　すでに将来のワイナリー設立を視野に、ブドウ園を開園した人も多く、ワイナリー増加の傾向は続いていきそうだ。

第 5 章
栽培と品種

　北海道では冬は長く、寒さも厳しい。さらにかなりの量の積雪がある土地が多い。こうした気候の影響を受けて、栽培方法も、栽培において抱えている課題も、本州とは異なる。栽培品種の傾向にも気候の影響はみえる。本州でも同様に栽培されている品種が大半を占めるものの、北海道でのみ栽培されている品種も挙げられる。

栽培と仕立て

　冬が長く、しかも冬季の気温が零下になるほど寒さが厳しく、積雪量も多い北海道では、ブドウの栽培方法も抱えている課題も、本州、あるいは海外の冷涼な産地のいずれとも異なってくる。

　まず指摘すべきは冬季の寒さ対策。ほとんどの地域では、冬の間、寒さによってブドウ樹が枯れないように、棚や垣根から枝を下ろし、寝かせて雪の中に埋めている。ブドウの枝は、雪の中にあることで凍死を免れる。埋めた枝は春、発芽の前に垣根や棚に上げる。樹を寝かせやすいように、垣根仕立てにしても、棚仕立てにしても、ブドウ樹を斜めに仕立てている。

　ただし北海道内でも、道南地方では、ほとんどの場合、雪の中に埋めていない。また積雪量の少ない十勝平野は雪の中ではなく、土の中に埋めている（耐寒性の強い山幸と清舞は例外である）。

仕立て

　ワイン用ブドウに関しては、雪害による枝折れ防止のためと、越冬の際にブドウの樹を倒しやすいように、基本的に垣根仕立てでは、短梢の**片側水平コルドン**を採用している。一方、生食用ブドウでは、本州では見られない**一本仕立て**という棚仕立て法を採用。棚に沿わせて主幹をまっすぐに伸ばし、左右対称に枝を配置していく。

　剪定は、道南などの一部の地域を除き、収穫後の11月から12月にかけて実施されるが、12月には雪の中の剪定作業を余儀なくされる。雪の中の長

垣根仕立て（片側水平コルドン整枝）

図18

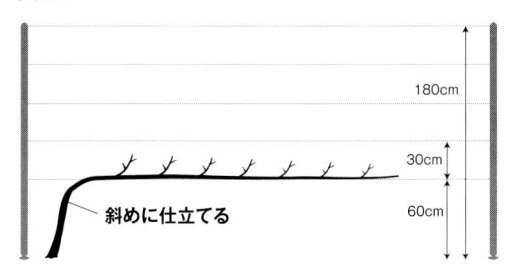

180cm
30cm
60cm
斜めに仕立てる

地面に水平に張ったワイヤーに新梢を固定して、垂直に枝を伸ばしていく仕立て法。

（写真提供：ナカザワヴィンヤード）

棚仕立て（一本仕立て）

棚仕立ての一種。棚に合わせて、まっすぐに主幹を伸ばし、左右互い違いに枝を配置する。冬は折れ曲がったところから倒して、雪の中に埋める。

図19

180cm
斜めに仕立てる

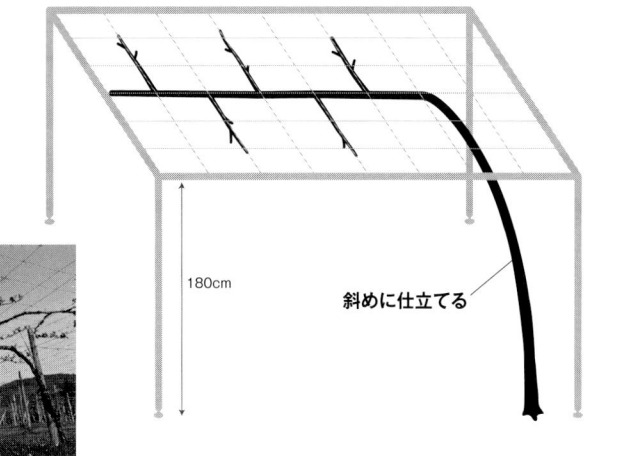

（写真提供：Domaine Takahiko）

図18・図19の出典：『北の果樹園芸』野原敏男、山口作英、丸岡孔一著　岩谷祥造（北海道新聞社）より筆者作成

時間の作業は、栽培する人々にとっては非常に厳しい作業となる。寒さによる寒害は、北海道のブドウ栽培においては、大きな障害となる。

その他

2000年以降、ブドウ園を開園した生産者のなかには、できるだけ化学合成農薬を減らした農法を実践している者が多くいる。これも北海道の特徴である。すでにワイナリーを設立した余市町のDomaine Takahiko、岩見沢市の10Rワイナリー、同市のブドウ園であるナカザワヴィンヤード、KONDOヴィンヤード、函館市の農楽蔵（ただしブドウ園は北斗市）は、互いに情報交換をしながら、そうした農法を目指している。

病気と天候被害

北海道で発症するブドウの病気は、本州とはやや異なる。最も注意すべきはブドウの実に発症する**灰色カビ病**である。特に開花期と収穫期に発症すると、時に深刻な害をもたらす。しかし一方で、**貴腐**として歓迎されることもある。葉や実に発症する**ベト病**は、本州ほどではないが、年により問題となる。「うどん粉病」、「晩腐病」は、あまり問題視されていない。

また厳しい寒さは、ブドウ栽培においてマイナス要因ともなり得る。凍害に加えて、冬の間、ブドウの樹を倒して雪の中に埋めることによる物理的な損傷が、樹齢を重ねる上で悪影響を及ぼすのではないかと懸念されている。

品種

日本におけるワイン用ブドウとは?

　日本では、ヨーロッパ系品種のヴィティス・ヴィニフェラ、アメリカ系品種のヴィティス・ラブラスカ、日本固有の品種、そしてこれらの品種を交配してつくられた品種などからワインが造られている。

　農林水産省の統計では、ヴィティス・ヴィニフェラとヤマブドウとその交配種は、「加工用品種」のカテゴリーに含まれている。本書で「ワイン用ブドウ」と記す際には、加工用品種と同義である。

1. ヨーロッパ系品種（ヴィティス・ヴィニフェラ種）・交配品種

　「ヴィティス・ヴィニフェラ」という言葉は「ワインを造るブドウ」という意味。ヨーロッパのワインは大半がヨーロッパ系品種から造られており、現在5000〜1万種類があるといわれている。日本ではワイン用品種、あるいは専用種と呼ばれることもある。

2. アメリカ系品種（ヴィティス・ラブラスカ種）・交配品種

　主に生食用に使われることが多いが、日本ではこの種からもワインが造られている。香りが「フォクシーフレーバー」や「キャンディ香」と称されて、アメリカ系品種の中でも、とりわけ香りの強いタイプは、欧米人や一部のワ

イン愛飲家から敬遠されることも多い。ただし日本人やアジア人の中には根強いファンもいる。最近では、こうしたアメリカ系品種のワインでも、穏やかな香りに仕上げたタイプも出てきた。

3. 東洋系品種

　日本固有の土着品種や中国原産の品種が含まれる。ちなみにこれらの品種の北海道産のワインはない。

4. 日本特有の交雑／交配品種
（アメリカ系品種系、野生ブドウ系、ヨーロッパ系品種など）

　日本の気候に適した品種を求めて開発された。アメリカ系品種系、野生ブドウ系、そのほかヨーロッパ系品種同士を交配したものがある。現在も日本でワインが造られている交雑・交配品種の多くは、**川上善兵衛**（かわかみぜんべい）（1868〜1944年）がアメリカ系品種を使って開発した品種である。

5. 日本野生ブドウ
（ヴィティス・コワニティ、ヴィティス・アムレンシスなど）

　日本で自生している日本野生ブドウで、山ブドウと呼ばれることも多い。北海道で初めてワインが造られたのは、この日本野生ブドウだった。現在でも、これらのブドウでワインを造っているワイナリーがある。

6. ヨーロッパの交雑品種・アメリカの交雑品種

　ヨーロッパやアメリカにおいて、豊産性、耐病性などを求めて交配され育種された品種。種を超えた「交雑」と、同種内の「交配」がある。ヨーロッパでは、ワインに仕込むことを禁じられている品種もある。

図20　都道府県別加工専用品種の醸造用仕向量

出典：2013年度 農林水産省「特産果樹生産動態等調査」より引用

1	長野県	1737.7 t
2	北海道	1527.6 t
3	山形県	689.1 t
4	兵庫県	278.9 t
5	山梨県	256.1 t
6	新潟県	209.3 t

主要品種

　北海道では日本のほかのワイン生産地と同様に、ワイン用ブドウ品種（ヨーロッパ系品種やヤマブドウ系の交配種）、生食用ブドウ品種（主にアメリカ系品種）、そしてこれらの交配種から、ワインが造られている。

　しかし特筆すべきは、ワイン用ブドウ品種への取り組みの多さだ。**図20**の 2013 年の醸造用に使われた量（農林水産省では「醸造用仕向量」と記している。以下醸造量と記す）を見ると、北海道のワイン用ブドウ品種（加工用品種）は約 1528t で、全国第 2 位。同年 1 位に躍り出た長野県を追っている。日本全体のワイン用ブドウ品種の全醸造量の約 30％を占めている。

　赤用品種と白用品種では、北海道全体としては白用品種への取り組みが勝っており、なかでも冷涼な気候を反映してドイツ系の白用品種が多い。

　白用品種は、**ナイアガラ**、**デラウェア**、**ケルナー**、**ミュラー・トゥルガウ**、**バッカス**が主要品種。ナイアガラとデラウェアは生食用品種に分類されている。なかでもナイアガラは醸造量が最も多く、約 800 〜 1000t。ドイツ系品種のケルナーとミュラー・トゥルガウ、バッカスにおいては、日本におけるこれらの品種の醸造量の大半を北海道が占めている。またケルナーは、ワイン用ブドウの中では、日本で 4 番目に醸造量が多い品種で、日本ワイン全体において果たす役割も大きい。しかし、これらの品種のうちミュラー・トゥルガウはこの 10 年間で減少傾向だ。

一方、赤用品種は、**キャンベル・アーリー、ツヴァイゲルト、セイベル13053、山幸、清見**が主要品種である。そのうち生食用品種であるキャンベル・アーリーの醸造量が約500tで最も多い（実際には大半がロゼワインになっている）。セイベル13053は近年減少傾向にある。

期待の品種

　2014年現在は、まだ栽培面積が小さいが、空知地方や余市町を中心に、急速に増加しつつあるのが、**ピノ・ノワール**である。この品種は日本の他の栽培地域では育てるのが難しく、ワイン産地として北海道を差別化していくうえでも、重要な役割を果たしている。ワイン生産者だけなく、ブドウ栽培農家も強い関心を抱いており、今後も栽培面積は拡大しそうだ。そのほか、**ソーヴィニヨン・ブラン**や**シャルドネ**も増えている。この2品種については、今後の気温上昇を考えても、さらに増える可能性を持つ。

　背景には、新たに設立されたワイナリーが、こうした品種を自社農園で栽培するケースが多いことに加えて、既存の栽培農家の中にも、ほかの品種から植え替える人が出ていることがある。

　また数量的にはまだ、かなり限定されているものの、**ゲヴュルツトラミネール、ピノ・グリ、ピノ・ブラン**も、今後期待できる品種である。**メルロ**も増加傾向にある。

独自に開発された品種

　赤用品種である**山幸**と**清舞**は、池田町ブドウ・ブドウ酒研究所が、寒冷地においても栽培可能な品種を求めて、1978（昭和53）年にヤマブドウと清見を掛け合わせて開発した品種である。農家への配布は2001年から始まった。寒さに強く、冬季、土の中に植えなくとも越冬が可能。同ワイナリーだけで70～80tを仕込んでいる。ちなみに山幸、清舞、清見は、現状では池田町ブドウ・ブドウ酒研究所でのみワインに仕込まれている。

　清見はセイベル13053の枝変わりであり（クローン違い）、そのほかセイベル5279、9110、10076（以上白用）といったセイベル系のブドウが多かったことも、北海道の特徴として挙げられる。しかし、この10年間は、こうした交雑種から純粋なヨーロッパ系品種への切り替えがみられる。

　ふらの2号は富良野市ぶどう果樹研究所がヤマブドウとセイベル13053を掛け合わせて開発した。栽培および醸造のいずれも、手掛けているのは同ワイナリーだけで、仕込み量は約10tになる。

図21　拡大したいブドウ・縮小したいブドウ

◉北海道の醸造用ブドウ栽培農家99人に聞きました

今後、拡大したいブドウがある
66%

今後、縮小したい品種がある
59%

拡大したいブドウ （複数回答可・1人の平均回答数1.5品種）	縮小したいブドウ （複数回答可・1人の平均回答数1.1品種）
ピノ・ノワール…18%	ケルナー…11%
ツヴァイゲルト…12%	ミュラー・トゥルガウ…10%
シャルドネ…8%	セイベル5279…10%
ケルナー…6%	セイベル13053…9%
ピノ・グリ…5%	バッカス…6%
ソーヴィニヨン・ブラン…5%	ツヴァイゲルト…3%

…白ブドウ　　…黒ブドウ　　…灰色ブドウ

北海道庁により、ワイン用ブドウを栽培している道内の農家に、栽培面積を拡大したい品種と縮小したい品種について調査が実施された。現在ワイン用ブドウのなかでは栽培面積最大のケルナーは、意外にも最も縮小したい品種に選ばれた。一方、人気が最も高かったのはピノ・ノワールだった。

出典：「醸造用ぶどう生産者アンケート調査結果」（調査期間：2012年2月／調査対象：事前の契約でワインメーカーに出荷、または自ら醸造している醸造用ぶどう生産者／回収率：70％、調査対象者数142、回答者数99）2012年3月北海道農政部食の安全推進局農産振興課より筆者作成。

品種説明

以下、五十音順に紹介する。品種説明の後に、北海道産のブドウで造られた各品種のワインを掲載した。ワインは筆者が、上質で、それぞれの品種の特徴が表れていると判断したものを選んだ。

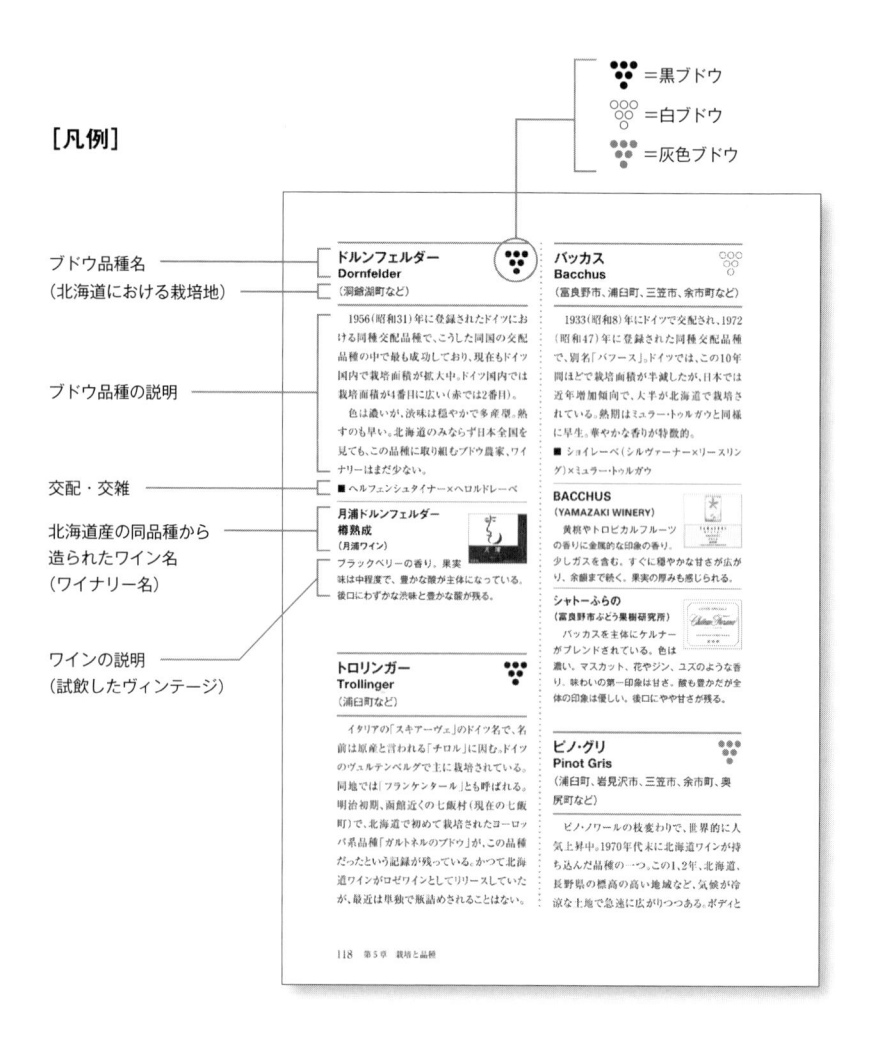

[凡例]

凡例の図（ブドウのアイコン）:
- ■ =黒ブドウ
- ○○○ =白ブドウ
- ●●● =灰色ブドウ

凡例のページレイアウト説明:

- ブドウ品種名（北海道における栽培地）
- ブドウ品種の説明
- 交配・交雑
- 北海道産の同品種から造られたワイン名（ワイナリー名）
- ワインの説明（試飲したヴィンテージ）

ドルンフェルダー
Dornfelder
（洞爺湖町など）

1956(昭和31)年に登録されたドイツにおける種間交配品種で、こうした同国の交配品種の中で最も成功しており、現在ドイツ国内で栽培面積が拡大中。ドイツ国内では栽培面積が4番目に広い（赤では2番目）。

色は濃いが、渋味は穏やかで多産型。熟すのも早い。北海道のみならず日本全国を見ても、この品種に取り組むブドウ農家、ワイナリーはまだ少ない。

■ ヘルフェンシュタイナー×ヘロルドレーベ

月浦ドルンフェルダー
樽熟成
（月浦ワイン）

ブラックベリーの香り。果実味は中程度で、豊かな酸が主体になっている。後口にわずかな渋味と豊かな酸が残る。

トロリンガー
Trollinger
（浦臼町など）

イタリアの「スキアーヴェ」のドイツ名で、名前は原産と言われる「チロル」に因む。ドイツのヴュルテンベルグで主に栽培されている。同地では「フランケンタール」とも呼ばれる。

明治初期、函館近くの七飯村（現在の七飯町）で、北海道で初めて栽培されたヨーロッパ系品種「ガルトネルのブドウ」が、この品種だったという記録が残っている。かつて北海道ワインがロゼワインとしてリリースしていたが、最近は単独で瓶詰めされることはない。

バッカス
Bacchus
（富良野市、浦臼町、三笠市、余市町など）

1933(昭和8)年にドイツで交配され、1972(昭和47)年に登録された同種交配品種で、別名「バアース」。ドイツでは、この10年間ほどで栽培面積が半減したが、日本では近年増加傾向で、大半が北海道で栽培されている。熟期はミュラー・トゥルガウと同様に早生、華やかな香りが特徴的。

■ ショイレーベ（シルヴァーナー×リースリング）×ミュラー・トゥルガウ

BACCHUS
(YAMAZAKI WINERY)

黄桃やトロピカルフルーツの香りに金属的な印象が加わり、少しガスを含む。すぐに穏やかな甘さが広がり、余韻まで続く。果実の厚みも感じられる。

シャトーふらの
（富良野市ぶどう果樹研究所）

バッカスを主にケルナーがブレンドされている。色は濃い、マスカット、花やジン、ユズのような香り。味わいの第一印象は甘さ、酸も豊かだが全体の印象は優しい。後口にやや甘さが残る。

ピノ・グリ
Pinot Gris
（浦臼町、岩見沢市、三笠市、余市町、奥尻町など）

ピノ・ノワールの枝変わりで、世界的に人気上昇中。1970年代末に北海道ワインが持ち込んだ品種の一つ。この1、2年、北海道、長野県の標高の高い地域など、気候が冷涼な土地で急速に広がりつつある。ボディと

ヨーロッパ系品種・交配品種

ゲヴュルツトラミネール
Gewürztraminer
(浦臼町、岩見沢市、蘭越町など)

　ややピンク色がかったブドウ。白ブドウに分類されているが、果皮に色素を持っているため、グリ系また灰色ブドウと称されることもある。日本ではまだ馴染みの薄い品種だが、北海道では、最近この品種に可能性を見出して、新たに手掛ける栽培家もいる。バラやライチの香りが非常に特徴的だが、香りの発現は気候の影響を受けやすい。比較的病気に強いが、量産には適していない。

　栽培が始まった時期は定かではないが、1881年にベーマーが日本に持ち込んだ品種の一つである。北海道ワインは長年にわたり定期的に「トラミーナ」を冠したワインを造り続けてきた(2011年ヴィンテージから「トラミーナ」から「ゲヴュルツトラミネール」に名称を変更した)。

鶴沼ゲヴュルツトラミネール(北海道ワイン)

　品種特有のライチの香りが上品に香る。2004年ものくらいから特徴的な香りが出るようになっている。収穫年によって程度は異なるが、ほのかに甘さを残したスタイルに仕上げられることが多い。

ケルナー
Kerner
(余市町、富良野市、浦臼町、三笠市、岩見沢市など)

　1969(昭和44)年にドイツで開発された品種。1990年頃はドイツで3番目に広く栽培されていたが、その後激減して、現在はドイツ全体のブドウ栽培面積の3%にも満たない。1973(昭和48)年に当時の道立中央農業試験場によって北海道に穂木がもたらされ、栽培が始まった。

　現在、国内の栽培面積の9割以上を北海道が占め、そのうちの約7割が、余市町で栽培されている。醸造量は国税庁の2014年度のデータによると約240tである。北海道を代表する白用品種だが、この7、8年、栽培面積は横ばい状態。また日本のヨーロッパ系品種(ワイン用ブドウ品種)の醸造量順では第4位になる。

　華やかな香りが特徴的で、主に低価格帯の白ワインが造られてきた。辛口、中甘口、極甘口、スパークリングとさまざまなスタイルのワインが造られている。

■ トロリンガー(スキーヴァ・グロッサ)×リースリング

KERNER(YAMAZAKI WINERY)

　レモンのような柑橘系の香りに加えて、ハーブの香りがあって清涼感がある。余韻にもレモンの風味が長く残って、涼しげな印象。

北海道ケルナー(北海道ワイン)

　2013年は従来の同ワインよりも、香りはおとなしい。ライ

第5章 栽培と品種

ムの皮の香りが特徴的に感じられる。口中でじわじわ出てくる果実感。酸がきれいに溶け込んでいて、とても穏やかな口当たり。バランスもとれている。

シャルドネ
Chardonnay
（浦臼町、三笠市、岩見沢市、余市町、乙部町、北斗市など）

　世界的に非常に有名な国際品種で、世界各地で栽培されている。フランスのブルゴーニュ原産。国税庁のデータでは、日本で栽培されているヨーロッパ系品種の中で、醸造量はメルロに次ぐ。

　本格的な栽培が始まったのは1980年代以降だが、栽培面積が増えだしたのは90年代になってからで、その後は増加が続いている。ベーマーが1881年に北海道に持ち込んだ品種には、シャルドネは含まれてはいない。

　近年、北海道は、長野県同様、栽培面積の増加が顕著。仕立ては、本州では一文字短梢やH字仕立てなどの棚仕立ても見られるが、北海道では垣根仕立てのみである。北海道では、スティルワインに加えて、スパークリングワインも増える兆しがある。

　シャルドネの生産者といえば、三笠市のYAMAZAKI WINERYが挙げられる。また農楽蔵が拓いた北斗市の畑では9割をシャルドネが占めている。

CHARDONNAY樽醗酵
（YAMAZAKI WINERY）

　レモンのような香りが立ち上る冷涼感のあるシャルドネ。豊かな酸に支えられた果実味。やや樽のニュアンスが強めに感じられる。

シュペートブルグンダー
Spätburgunder

　ピノ・ノワールのクローン違い。ドイツで主に栽培されているのはこのクローンで、ガイゼンハイム大学が認定している。本書ではピノ・ノワールでひとまとめにしている。この名前を冠したワインは日本では皆無である。ピノ・ノワールの項目（P119）を参照。

シルヴァーナー
Silvaner
（浦臼町、岩見沢市など）

　ドイツ、中央ヨーロッパで主に栽培されている。ドイツのフランケン地方では極めて上質なワインができるが、新世界のワイン産地ではあまり普及していない。フランスとオーストリアでは「シルヴァネール」と呼ばれる。豊かな酸と花のような香りが特徴的。1881年、ベーマーが持ち込んだ品種の一つ。日本では北海道の一部の地域を除き、取り組み事例が少ない。

クリサワブラン
（ナカザワヴィンヤード）

　単独ではなく、ピノ・グリ、ケルナー、ゲヴュルツトラミネール、ピノ・ノワールなどとの混醸で造られたワイン。香りはとても複雑で、時間とともに次々と、さまざまな香りが立ち上る。

ソーヴィニヨン・ブラン
Sauvignon Blanc
（浦臼町、三笠市、岩見沢市、余市町など）

　フランスのロワール地方原産の品種。近年、冷涼な気候の土地を中心に日本全体で

栽培面積が急速に増えている品種。長野県が栽培面積、醸造量、いずれも最大。

道内において、初めてこの品種に本格的に取り組んだのが歌志内市の太陽ファームで、2005年ヴィンテージが委託醸造によってワインとなっている（「ペンケ・ウタシュナイ」）。気温の上昇傾向を考えても、この品種に取り組む生産者が空知地方を中心に道内では増えていきそうだ。現在は、YAMAZAKI WINERYが毎年この品種のワインをリリースしており、すでに定評がある。

SAUVIGNON BLANC
（YAMAZAKI WINERY）

パッションフルーツの香りの立ち上りとともに、果実味の厚みが口中で感じられ、この品種の北海道における可能性を実感できるワイン。現状では本州の山梨県、長野県のものより、香りも果実味も上回る。

ソーヴィニヨン・ブラン
（TAKIZAWA WINERY）

少し木質的な香りが第一印象。甘夏みかんのような柑橘の風味も徐々に出てくる。骨太な酸が感じられ、粘性があり、味わいにはびしっと芯がある。余韻も長く、ポテンシャルを感じる。熟成させてみたい。

ツヴァイゲルト
Zweigelt
（余市町、富良野市、浦臼町、三笠市など）

1970年代末に、北海道ワインがオーストリアのクロスター・ノイブルグ修道院から苗木を取り寄せた品種。1981（昭和56）年に当時の道立中央農業試験場が推奨品種に選定したこともあり、道内で普及した（翌年、北海道ワインは初めてこの名前を冠したワインを発売している）。

現在、北海道においてワイン用ブドウでは、ケルナー、セイベル13053に次ぎ醸造量が多く、その数は国税庁の2014年度のデータによると約200t。冷涼な気候の土地である、北海道と岩手県で主に栽培されている。メルロ一辺倒の傾向が強かった日本の欧州系品種の赤ワインに新たな可能性を添えている。

レンベルガーとサン・ローランの自然交配がツヴァイゲルトである。北海道ワインと富良野市ぶどう果樹研究所は、定期的にこの品種名を冠したワインをリリースしてきたが、前者は2011年ヴィンテージから品種表示を「ツヴァイゲルトレーベ」から「ツヴァイゲルト」に変更している。

葡萄作りの匠
田崎正伸ツヴァイゲルト
（北海道ワイン）

余市町のブドウ農家である田崎正伸さんのブドウのみで造られたワイン。ややスパイシーさを感じさせる風味が特徴的。

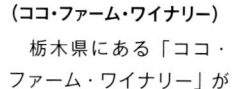

風のルージュ
（ココ・ファーム・ワイナリー）

栃木県にある「ココ・ファーム・ワイナリー」が北海道のツヴァイゲルトを主体にして造ったワイン。黒い果実の香りに黒コショウの香りが混ざる。程よいボディを持ちながらも酸が良いアクセントになっていて、軽快さもある。メルロとはまた違った魅力を楽しめる。ただしこのワインについては、メルロ、マスカット・ベーリーAなどブレンドされる品種、またその割合が年によって異なる。

ドルンフェルダー
Dornfelder
（洞爺湖町など）

　1956（昭和31）年に登録されたドイツにおける同種交配品種で、こうした同国の交配品種の中で最も成功しており、現在もドイツ国内で栽培面積が拡大中。ドイツ国内では栽培面積が4番目に広い（赤では2番目）。

　色は濃いが、渋味は穏やかで多産型。熟すのも早い。北海道のみならず日本全国を見ても、この品種に取り組むブドウ農家、ワイナリーはまだ少ない。

■ ヘルフェンシュタイナー×ヘロルドレーベ

月浦ドルンフェルダー樽熟成
（月浦ワイン）

　ブラックベリーの香り。果実味は中程度で、豊かな酸が主体になっている。後口にわずかな渋味と豊かな酸が残る。

トロリンガー
Trollinger
（浦臼町など）

　イタリアの「スキアーヴェ」のドイツ名で、名前は原産と言われる「チロル」に因む。ドイツのヴュルテンベルグで主に栽培されている。同地では「フランケンタール」とも呼ばれる。明治初期、函館近くの七重村（現在の七飯町）で、北海道で初めて栽培されたヨーロッパ系品種「ガルトネルのブドウ」が、この品種だったという記録が残っている。かつて北海道ワインがロゼワインとしてリリースしていたが、最近は単独で瓶詰めされることはない。

バッカス
Bacchus
（富良野市、浦臼町、三笠市、余市町など）

　1933（昭和8）年にドイツで交配され、1972（昭和47）年に登録された同種交配品種で、別名「バフース」。ドイツでは、この10年間ほどで栽培面積が半減したが、日本では近年増加傾向で、大半が北海道で栽培されている。熟期はミュラー・トゥルガウと同様に早生。華やかな香りが特徴的。

■ ショイレーベ（シルヴァーナー×リースリング）×ミュラー・トゥルガウ

BACCHUS
（YAMAZAKI WINERY）

　黄桃やトロピカルフルーツの香りに金属的な印象の香り。少しガスを含む。すぐに穏やかな甘さが広がり、余韻まで続く。果実の厚みも感じられる。

シャトーふらの
（富良野市ぶどう果樹研究所）

　バッカスを主体にケルナーがブレンドされている。色は濃い。マスカット、花やジン、ユズのような香り。味わいの第一印象は甘さ。酸も豊かだが全体の印象は優しい。後口にやや甘さが残る。

ピノ・グリ
Pinot Gris
（浦臼町、岩見沢市、三笠市、余市町、奥尻町など）

　ピノ・ノワールの枝変わりで、世界的に人気上昇中。1970年代末に北海道ワインが持ち込んだ品種の一つ。この1、2年、北海道、長野県の標高の高い地域など、気候が冷涼な土地で急速に広がりつつある。ボディと

ほのかな苦味を特徴とし、世界ではスティルワインに加えて、スパークリングワインも造られている。イタリア名は「ピノ・グリージョ」、ドイツでは「ルーレンダー」、「グラウワーブルグンダー」と呼ばれるが、日本ではピノ・グリと呼ばれることが多い。

現在、北海道でこの品種の名前を冠したワインを造っているのは、YAMAZAKI WINERYと奥尻ワイナリーで、いずれもやや甘さを残したタイプ。また他の白用品種と混植混醸で造られた「クリサワブラン」(P116)のような辛口のワインもある。

OKUSHIRI Pinot Gris
(奥尻ワイナリー)

花のような香りがほのかに立ち上る。フレッシュな味わい。酸はとても豊かだが甘さとバランスがとれている。後口にかすかに甘さが残る仕上がり。

PINOT GRIS(白)
(YAMAZAKI WINERY)

ほのかに洋梨を思わせる香り。わずかに蜂蜜のようなニュアンスもある。軽やかな仕上がり。余韻の甘さが特徴的。

ピノ・ノワール
Pinot Noir
(浦臼町、三笠市、岩見沢市、余市町など)

1881年、ベーマーによって苗木がもたらされたという記録が残っている。日本で本格的に栽培されるようになったのは、1970年代末のはこだてわいんによる北海道余市町での取り組みが最初である。2000年代以降、北海道や長野県など、比較的気候が冷涼な土地を中心に、にわかに栽培面積が増え続けており、全国の年間醸造量は120t。現在では醸造量の大半を長野県と北海道が占めている。

また北海道のワイン用ブドウの栽培農家が、最も関心を寄せているのが、この品種だ。余市町には個人で、この品種の栽培面積が2haを超える生産者が2人いる(1人は栽培農家、もう1人はDomaine Takahikoの曽我貴彦さんだ)。

その栽培農家が木村忠さんで、木村農園を営んでいる。10Rワイナリー、農楽蔵、グレイスワイン(中央葡萄酒株式会社／山梨県)、ココ・ファーム・ワイナリー(栃木県)という道内外含めた4軒のワイナリーが、ここのピノ・ノワールでワインを造っている。

国内のほとんどの生産者が垣根仕立てで栽培しているが、一文字短梢やスマート・マイヨーガー方式といった棚仕立てで育てる生産者もいる。ただし北海道では、すべて垣根仕立てで栽培されている。

ドメーヌ タカヒコ
ナナ・ツ・モリ
ピノ・ノワール
(Domaine Takahiko)

色合いはやや薄めで、少しレンガ色を帯びている。赤系の果実味、クローヴやシナモンなどのスパイス、土っぽさを思わせるアロマが溶け合う複雑な香りが印象的なワイン。時間とともに味わいにも深みがでてくる。北海道のピノ・ノワールへの期待感が膨らむ1本。Domaine Takahikoの約10種類のクローンが植えられている自社農園「ナナツモリ」のブドウのみを使用。このワインは自社畑産だが、同ワイナリーが2010〜2013年にリリースしてきた「ヨイチ ノボリ キュムラ ピノ・ノワール」は、北海道のピノ・ノワールが注目されるきっかけとなった(このワインはすでに終売)。

第5章 栽培と品種

ピノ・ブラン
Pinot Blanc
（浦臼町など）

　ピノ・ノワールの枝変わり。ドイツ名は「ヴァイスブルグンダー」で、この品種でワインを造り続けてきた北海道ワインは、ドイツ名を使ってきた。しかし、2012年ヴィンテージからは、基本的には「ピノ・ブラン」に変更。日本では、ほかに山形県、長野県、京都府で栽培されており、ピノ・ブランの名前でワインが造られている。北海道では微増傾向。

鶴沼ピノ・ブラン
（北海道ワイン）

　青リンゴの香り。ほどよい厚みのある果実味に、豊かだが穏やかな酸がきれいに溶け込んでいてバランスが良い。優しい味わいで吹き寄せなど和食に寄り添いそうなワイン。

マスカット・オトネル
Muscat Ottonel
（浦臼町など）

　フランスのアルザス地方や東欧などで栽培されているフランス原産の香り豊かな品種。シャスラとミュスカ系品種の自然交配。海外での状況と異なり、ほかのマスカット系のブドウに比べてマスカットフレーバーが際立っている。湿度の高さに弱いが、熟す時期も早く、耐寒性が比較的高い。北海道の気候に適応する品種として北海道ワインが注目し、自社管理農園での栽培面積を拡大中。2002年ヴィンテージでは、北海道ワインはこの品種のワインを「ミュスカ」と表示している。

鶴沼ミュスカ
（北海道ワイン）

　紅茶のような香りが特徴的。ふわっと立ち上がる甘い香り。香りの印象に反して味わいはドライ。厚みは中程度。2012年のみ辛口（道内2カ所の直売所で販売）。2013年からはやや甘口となり、一般販売。

ミュラー・トゥルガウ
Müller-Thurgau
（富良野市、浦臼町、余市町、蘭越町、洞爺湖町など）

　1882年、スイス人の育種家、ヘルマン・ミュラーによって開発された品種。ドイツでは、この10年間ほど減少傾向ではあるものの、依然として栽培面積で第2位を占める。

　日本での本格的な栽培は1970年代の末から北海道で始まり、1981（昭和56）年に推奨品種に選定されて普及した。現在も全栽培面積の約7割を北海道が占める。ケルナー、バッカスと並ぶ北海道を代表する香り豊かな白ワイン用品種だったが、近年、栽培面積が減少傾向にあり、日本全体では年間醸造量は10位以内にも入らない。果皮が薄いのが特徴。スティルワインに加えて、スパークリングワインも造られだしている。

■リースリング×マドレーヌ・ロワイヤル

松原農園ミュラー・トゥルガウ（松原農園）

　ユズを思わせる上品な和柑橘の香りが印象的。みずみずしい果実味が広がり、とれたての果実を食べているかのよう。ほんのり甘いが、くどさはない。2014年からは委託ではなく、自社のワイナリーで松原研二さん自らが仕込んでいる。

ミュラー・トゥルガウ
（富良野市ぶどう研究所）

第一印象から立ち上る花のような香りが特徴的なワイン。酸も豊かだが、中甘口に仕上げている。

メルロ
Merlot
（三笠市、乙部町など）

シャルドネやカベルネ・ソーヴィニヨンと同様に、世界各地で栽培されている国際品種。国税庁のデータによると、日本においても、ヨーロッパ系品種のなかで醸造量は最も多い。北海道では垣根仕立てで栽培されている。気候が冷涼な北海道では、あまり取り組み例は多くなかったが、三笠市のYAMAZAKI WINERYと乙部町の富岡ワイナリーで栽培されている。近年、やや微増傾向にある。

農楽ルージュ
（農楽蔵）

イチゴやカシスの香りに、湿った土やハーブの香り。柔らかい渋味と北海道特有の酸が心地よい余韻を生んでいる。ピノ・ノワールを20％ブレンド。

リースリング
Riesling
（浦臼町、三笠市、乙部町など）

世界的に知られるドイツ原産の上質な白ワイン用品種。ドイツ国内の栽培面積は第1位。主に冷涼な気候の土地で栽培されている。積雪のある北海道では、ほかのドイツ系品種に比べると晩生で生育期間が長いこの品種は、栽培に苦労が多いため、手掛ける生産者は、いまだかなり限定されている。

また、いち早くこの品種に取り組んでいた北海道ワインでは、現在クローンの見直しし、新たな穂木を再輸入している最中で、小樽のワイナリーと鶴沼ワイナリー（ブドウ園）での限定発売ではあるが、自社農園産のブドウで、この品種の名前を冠したワインを造っている。YAMAZAKI WINERYでは、ワイナリー設立前より試験栽培をしていたが、2011年より少しずつ面積を拡大し、2013年、醸造に踏み切り、シャルドネを30％ブレンドして瓶詰め。翌年ものは単品で瓶詰めしている。そのほかのワイナリーについては、現在、北海道でこの品種名のワインはない。今後しばらくは栽培面積が劇的に増えることはないだろう。

レンベルガー
Lemberger
（浦臼町、三笠市、岩見沢市、余市町など）

オーストリア名は「ブラウフレンキッシュ」。レンベルガーはドイツ名だが、ドイツでは「リンバーガー」とも呼ばれる。1970年代末に北海道ワインが浦臼町の自社管理畑、鶴沼ワイナリーで栽培を始めた。そのほか北海道では、空知地方で宝水ワイナリー、KONDOヴィンヤードが取り組む。明るい色合いの軽快な赤ワインが造られることが多い。

雪の系譜レンベルガー
（宝水ワイナリー）

軽やかなライトボディ。ラズベリーやイチゴなどの赤い果実系の香りにスミレの香りが溶け合う。程よい果実味と豊かな酸がバランスをとった軽快な飲み心地。

第5章 栽培と品種

アメリカ系品種・交配品種・交雑品種

キャンベル・アーリー
Campbell Early
（余市町、深川市、網走市、美幌町、壮瞥町など）

　アメリカで交配育種され、1897（明治30）年に川上善兵衛が日本にもたらした生食用兼用品種。大正時代（1910年代）には、北海道において優良品種に認定され、生食用として道内にも広まった。現在は北海道から宮崎県まで、日本列島の南北にわたり広く栽培されている。
　国税庁のデータでは日本における年間醸造量で第6位だが、北海道はその半分以上を占めており、北海道の年間醸造量は約560t。基本的には棚仕立てで栽培されているが、北海道で一部、垣根仕立ても採用されている。
■ ムーアアーリー×（ベルビデレ×マスカット・ハンブルグ）

VINEYARDシリーズ キャンベル sans soufre（サン・スフル）
（さっぽろ藤野ワイナリー） 
　かなり薄いオレンジ色。優しい泡立ち。チェリーのような甘く濃い香り。

余市町産と札幌市の自社農園産のブドウをブレンド。

おたる特撰キャンベル・アーリー（北海道ワイン） 
　まるでグレープジュースのような香り。第一印象から感じるかなり豊かな甘さ。ほんのわずかな渋味が溶け込んでいる。口中でガスもあってフレッシュ。後口にも甘さが残る。

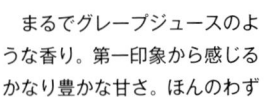

旅路
Tabiji
（余市町など）

　少し灰色がかったピンク色。昭和初期に北海道にもたらされた品種の自然交配であるという説がある。塩谷地区原産ともいわれ、「紅塩谷（べにしおや）」の別名がある。ラブラスカ系の香りが特徴的。

旅路（TAKIZAWA WINERY） 
　ユズ、ミカン、パイナップルなど甘い香りが特徴的だが、味わいは酸が豊かでキリッとしており、爽快な印象。余市町産のブドウを使って自生酵母で発酵させている。

デラウェア
Delaware
（余市町など）

　アメリカのオハイオ州のデラウェアで見つかったと言われており、明治初期にアメリカから持ち込まれ、1886（明治19）年に山梨県の奥野田（現在の甲州市塩山）で栽培が始まった。生食用を兼ねている。
　北海道、山形県、山梨県、大阪府、島根

県と南北にわたって栽培されており、日本における年間醸造量は国税庁のデータでは第4位。結果樹面積では山形県が第1位だと思われるが、現在最も新しい農林水産省のデータは2006年のものしかない。醸造量に関しては北海道は、山梨県、山形県に次ぎ第3位。

全国的にスパークリングワインが急増中だが、北海道ではスティルワインが多い。果皮は色素があり、灰色がかったピンク色をしている。

おたる デラウェア
(北海道ワイン)

丸みのある味わいでほどよい厚み。ほのかに甘いが酸とバランスがとれており飲みやすい。親しみやすく、ワインをあまり飲みなれていない人にもおすすめできる。後味もきれいに切れる。

ナイアガラ
Niagara
(余市町、仁木町、深川市、壮瞥町など)

アメリカのニューヨーク州ナイアガラで1866年に交配育種された品種。明治時代に日本に伝来した。北海道では、キャンベル・アーリー同様、大正時代(1910年代)には優良品種に認定された。

現在は主に北海道と長野県塩尻市で栽培されており、醸造量も北海道と長野県で8割弱を占めている。北海道のみでも醸造量は約1000tを数える。また、甲州、マスカット・ベーリーAに次ぎ、年間醸造量は第3位である。

この品種のワインはアメリカ系品種特有の香りが強いのも特徴。甘さを残したスティルワイン、スパークリングワインが多い。

■ コンコード×キャッサデー

おたる 特撰ナイヤガラ
(北海道ワイン)

アメリカ系品種の特徴をもちながら、早春の森林のような清涼感のあるワイン。豊かな酸が下支えした果実味が楽しめる。中甘口のほっとする味わいだが、後口もきれいに切れて、爽快。

ニューヨーク・マスカット
Newyork Muscat
(富良野市など)

アメリカのニューヨーク州で交配育種された品種。マスカットのような香りの豊かさが特徴的。日本では北海道の富良野市以外では、ほとんど取り組み例がない。

■ マスカット・ハンブルグ×オンタリオ

ふらのワイン ソレイユ
(富良野市ぶどう果樹研究所)

華やかなマスカットの香りが豊かに立ち上る。香りの特徴がはっきりしている親しみやすい甘口ワイン。

日本特有の
交雑／交配品種
野生ブドウ系

MHアムレンシス
MH Amrensis
（網走市、置戸町、浦臼町など）

湿度にやや弱いが、耐寒性に優れた品種。日本では大半が北海道で栽培されている。アムレンシス由来の強い酸が特徴的。かつて北海道ワインが「アムレンシス」という名前のワインを造っていたが、近年はブレンドされるようになっている。

■ マスカット・ハンブルグ×野生ブドウ系のヴィティス・アムレンシス

おたる 赤・甘口
（北海道ワイン）

ＭＨアムレンシスと山ブドウとキャンベル・アーリーのブレンドのワイン。野趣ある香り。甘口だが、酸もとても豊かで後口がきれいに切れる。渋味もほとんどなく親しみやすい。キンキンに冷やせば、すいすい飲める。ジンギスカンに合わせたい。

清舞
Kiyomai
（池田町）

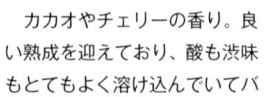

耐寒性のある品種を求めて、池田町ブドウ・ブドウ酒研究所によって1975（昭和50）年に交配育種され、1996年から農家への配布が始まった。品種登録は2000年。同じ交配の山幸に比べると、色合いは薄めで酸が豊か。

■ 清見×ヴィティス・アムレンシス

清舞
（池田町ブドウ・ブドウ酒研究所）

カカオやチェリーの香り。良い熟成を迎えており、酸も渋味もとてもよく溶け込んでいてバランスがとれている。余韻の香りも心地よい。

ふらの2号
Furano2go
（富良野市）

富良野市ぶどう果樹研究所によって交配育種され、1985年に交配育種された。耐寒性に優れており、同ワイナリーにおいて日本でも希少なアイスワインが造られている。

■ ヴィティス・コワニティ×セイベル13053

羆（ひぐま）の晩酌
（富良野市ぶどう果樹研究所）

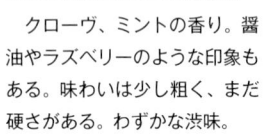

クローヴ、ミントの香り。醤油やラズベリーのような印象もある。味わいは少し粗く、まだ硬さがある。わずかな渋味。

ふらのアイスワイン"F"
（富良野市ぶどう果樹研究所）

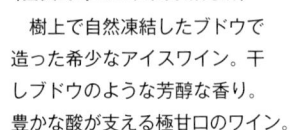

樹上で自然凍結したブドウで造った希少なアイスワイン。干しブドウのような芳醇な香り。豊かな酸が支える極甘口のワイン。

山幸
Yamasachi
（池田町）

　耐寒性のある品種を求めて、池田町ブドウ・ブドウ酒研究所によって開発され、2001年に命名、2006年に品種登録された。耐寒性に優れており、厳寒の十勝平野でも、土に埋めずに越冬が可能。清見や清舞よりも、色合いが濃く、酸も豊か。

■ 清見×ヴィティス・アムレンシス

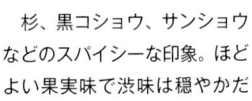

山幸
（池田町ブドウ・ブドウ酒研究所）

　杉、黒コショウ、サンショウなどのスパイシーな印象。ほどよい果実味で渋味は穏やかだが、酸は豊か。口中でラズベリーの風味。軽めの味わい。

ヨーロッパの交雑品種

清見
Kiyomi
（池田町）

　セイベル13053の枝変わり。5年間以上の試行錯誤の末、寒冷地でも熟す豊産型の赤用品種として1970（昭和45）年に選抜された（ワインとしては、1973年産を1975年に初めて販売）。池田町では冬の期間、土の中に埋めることで越冬させている。池田町ブドウ・ブドウ酒研究所は、この品種だけで毎年約40tの醸造量を数えている。

清見
（池田町ブドウ・ブドウ酒研究所）

　腐葉土や松茸の香りに、わずかに青い香りが混ざる。酸は豊か。味わいに土っぽい風味が感じられ、飲み応えもあって好印象。

ザラジェンジェ
Zalagyongye
（富良野市、浦臼町、乙部町など）

　ハンガリーのエガール地方で1957（昭和32）年に交配育種された品種。ヴィティス・ラブラスカが4分の1入っている。酸が豊かなため、ハンガリーではスパークリングワインに仕上げることが多いが、北海道でもこの品種を使ったスパークリングワインが造られだした。

■ エガール×カサバジョンジェ

ノラポン・エフェルヴェサン（農楽蔵）

　心地よい酸がほのかな甘みとよくバランスがとれている。フレッシュでみずみずしく、果実の膨らみを感じられる。飲み心地がとても良い。

セイベル5279
Seibel 5279
（富良野市など）

　セイベルとはフランスでアルバート・セイベル博士がヨーロッパ系品種とアメリカ系品種

第5章　栽培と品種

を交配したさまざまな交雑種の総称で、その数は万を超える。育種番号で区別している。

セイベル5279は、別名「オーロレ（Aurore）」（生食用のAuroraは別品種）。本来は生食用とワイン用の両方での使用を目的として開発。輸送に適さず、ブドウの粒が果梗から外れやすく、生食用としてはすぐに廃れた。極早生で耐寒性に優れる。

■セイベル788×セイベル29

セイベル9110
Seibel 9110

（浦臼町）

別名「ヴェル・デレ」。比較的冷涼な気候を好む。北海道以外では、山形県、長野県などで栽培されている。国内の栽培面積は減少傾向。

セイベル13053
Seibel13053

（富良野市、東川町、深川市、浦臼町、岩見沢市など）

別名「カスタード」。1981（昭和56）年に、当時の道立中央農業試験場が推奨品種に選定、道内に普及した。耐寒性、耐病性に優れ、収量も安定しており、今なおケルナー、ツヴァイゲルトとともに北海道の三大醸造品種だが、近年は減少傾向。清見はこの13053をクローン選抜したものである。

■ セイベル7042×セイベル5409

キトウシ
（東川町振興公社）

奥から出てくるベリー系の香り。渋味はほとんど感じられず、つややかでつるっとした味わいの軽やかな赤。東川町が岩見沢市の10Rワイナリーに委託醸造して造ったワインで、2013年ヴィンテージが2014年末に初めてリリースされた。「キトウシ」はアイヌ語で「行者ニンニクがたくさんあるところ」という意味。東川町内限定発売。

バレルふらの（赤）
（富良野市ぶどう果樹研究所）

香りは穏やか。最初から最後まで滑らかな口当たり。渋味や酸はとてもよく溶け込んでいて、まとまりがあって、優しい味わい。

参考文献

(書名の五十音順)

- 『渡島農業の概要2012』北海道渡島総合振興局産業振興部農務課　2013年
- 「開拓使の葡萄酒および麦酒醸造所の建築施設について」呉農、越野武、角幸博著　日本建築学会計画系論文集　第535号247-253　2000年
- 「火山灰の起源と分布」帯広畜産大学畜産学部教授・近堂祐弘著（『アーバンクボタNo.24』　株式会社クボタ　1985年6月発行）
- 『北の果樹園芸』野原敏男、丸岡孔一、山口作英、岩谷祥造著　北海道新聞社　1995年
- 『後志の農業2014』北海道後志総合振興局　2014年
- 『新札幌市史』札幌市教育委員会　北海道新聞社　1991年
- 『新撰北海道史 全7巻』（復刻版）北海道庁編纂　清文堂出版　1990-1991年
- 『新北海道史 第1巻 概説』北海道（発行）　1981年
- 『続 新三笠市史』三笠市　2001年
- 『空知の農業2011』北海道空知総合振興局産業振興部農務課　2011年
- 『時をこえて十勝の川を旅しよう！　十勝の川の成り立ちから、川の歴史・文化まで』帯広開発建設部治水課
- 『土壌学の基礎　生成・機能・肥沃度・環境』松中照夫著　農山漁村文化協会　2004年
- 「日本農業気象学会2014年 全国大会オーガナイズドセッション報告『ワイン産地としての北海道空知地域の将来展望』」『生物と気象（clim.Bios.）：第14巻 D18-28』日本農業気象学会　2014年
- 『日本のワイン・誕生と揺籃時代 本邦葡萄酒産業史論攷』麻井宇介著　日本経済評論社　2003年
- 「檜山の地名由来とヒノキアスナロの歴史─ヒノキアスナロの歴史・文化に関する調査報告書【概要版】─」北海道檜山支庁　2003年2月
- 『ベーマー会 会報第3号』ベーマー会　2011年

- 『北海道農業と土壌肥料2010』日本土壌肥料学会北海道支部編　北農研究シリーズⅩⅢ　財団法人北農会　2010年
- 『北海道のワイン 日本ワインを造る人々』山本博　ワイン王国　2006年
- 『三笠市史』三笠市　1971年
- 『余市農業発達史』余市町教育研究所　1968年
- Amerine, M.A. and Winkler, A.J. : Composition and quality of musts and wines of California grapes. Hilgardia (University of California) 15 : 493-673　1944
- John, Gladstones : Viticulture and Environment 1992
- Jorge Tonietto, Alain Carbonneau : A multicriteria climatic classification system for grape-growing regions worldwide. Agricultural and Forest Meterology 2002
- Winkler, A.J., : General Viticulture. University of California, Berkeley 1962

※その他、空知総合振興局、十勝総合振興局、後志総合振興局、渡島総合振興局、函館地方気象台、北海道庁などのウェブサイトを参考にした。

虹有社の**ワインの本**

日本ワインを知るなら、この1冊！

ワインテイスティングの視点が変わる！

日本ワインガイド
純国産ワイナリーと造り手たち

鹿取みゆき

においと味わいの不思議
知ればもっとワインがおいしくなる

東原和成　佐々木佳津子
伏木亨　鹿取みゆき

詳しくはこちらへ
www.kohyusha.co.jp

ワイン法研究者による入門書

はじめてのワイン法
蛯原健介

個人でワイナリーを立ち上げる！

ゼロから始めるワイナリー起業
蓮見よしあき

全国の書店・オンライン書店で好評発売中！

日本ワイン 北海道
2016年3月3日　第1刷発行

著者　鹿取 みゆき

装丁・デザイン　菅家 恵美
イラスト・図版　小林 哲也
地図（P2-3）　有限会社ジェイ・マップ

発行者　中島 伸
発行所　株式会社 虹有社(こうゆうしゃ)
　　　　〒112-0011 東京都文京区千石4-24-2-603
　　　　電話 03-3944-0230
　　　　FAX. 03-3944-0231
　　　　info@kohyusha.co.jp
　　　　http://www.kohyusha.co.jp/

印刷・製本　モリモト印刷株式会社

©Miyuki Katori 2016 Printed in Japan
ISBN978-4-7709-0067-8
乱丁・落丁本はお取り替え致します。